JN088083

ChatGPTを
徹底活用！

ビジネス
パーソン
のための

プログラミング勉強法

堀内 亮平

SE
SHOEISHA

プログラミング学習という命題

プログラミング学習は、手強いです。

近年はビジネスパーソンの必須スキルとして、仕事でITを活用することが求められている一方で、多くの人がプログラミングの学習に苦戦しています。本書を手にとっていただいた方の中にも、現在学習の進め方に悩んでいる方がいるのではないでしょうか? もしくは「プログラミングは自分には難しそう」と躊躇している方や、「挑戦してみたけれど途中で挫折してしまった」という方もいるでしょう。

私にもプログラミングに苦戦する気持ちはよくわかります。ここで、少し自己紹介をさせてください。

私はプログラミング経験がない状態でIT業界に入り、プログラミングの習得には大変苦労しました。新人研修のコーディング試験で10点を取ったこともあります。それでも効果的な学習方法を見つけ出し、ITのプロとしてスキルを身に付けていきました。

その経験から、「プログラミングスキルの習得をもっと簡単にしたい」と考えるようになりました。現在、社会は人手不足、とくにデジタル人材不足という大きな課題に直面しています。この課題を教育の側面から解決したいと思い、オンラインプログラミングスクールの代表として、多くのプログラミング未経験者やビジネスパーソンの学習と目標達成をサポートしてきました。

現在、このサービスは5万人以上のユーザーに利用されており、多くの有名企業の新入社員研修でも導入されています。

このように、私のこれまでのキャリアは「どうやったらプログラミング学習を成功させることができるか」が大きなテーマでした。

このテーマに取り組んだ長年の経験を集約すべく、本書を書き上げました。プログラミング学習を成功させるための秘訣をお伝えします。

ChatGPTを活用したプログラミング勉強法を身に付けよう

本書は、生成AIサービス「ChatGPT」を活用したプログラミング勉強法を紹介する、新時代の学び方のガイドブックです。

この勉強法は、次のようなあらゆるタイプの学習者にとって有用です。

- 独学で学んでいる方にとってChatGPTは不安や困難に直面したときの強い味方となります。1人で勉強する中で出てくる疑問や複雑な問題の解決に役立ちます
- プログラミングスクールに通う方も自己学習の助けになるでしょう。スクールの

課題に取り組む際の疑問に迅速に答えてくれるなど、スムーズに学習を進めることができます

- 新入社員研修などでプログラミングを学ぶ方にも、限られた研修期間の中での学習効率を高める手助けとなります

これからプログラミング学習を始める方はもちろん、従来の学習方法で挑戦してうまくいかなかった方にもぜひ試してもらいたい新しいアイデアがたくさん詰まっています。

また本書では、デジタル社会で活躍していくうえで必要な「学習のための思考法」も身に付けられることを目指しました。

プログラミングを学ぶことで「プログラミング的思考」が養われるのと同じように、ChatGPTを使って学習をすることで、生成AIをはじめとする新しいデジタル技術を学ぶうえで役立つ「生成AI時代の学習マインドセット」を身に付けることができます。本書ではそういった新しい考え方にも触れており、読者の皆さんがこれからのデジタル技術の学習に役立てられるようになっています。

■ 本書の構成

本書は「使えること」に焦点をあてた内容となっており、すぐに試すことができるたくさんのTipsや実践プログラムで構成されています。

Chapter 1とChapter 2で、ChatGPTの基本的な使い方や効果的な質問の仕方、注意点など、プログラミング学習に必要な基礎知識を紹介します。

Chapter 3とChapter 4では、合計30個の効果的なChatGPT活用するためのTipsを「基礎編」と「応用編」に分けて紹介しています。

Chapter 5〜7では、皆さんが作りたいモノを形にするための実践ガイドを用意しました。Chapter 5では「Webサービスの作成」(HTML/CSS、JavaScriptを使用)、Chapter 6では「Excel業務の効率化」(ExcelVBAを使用)、Chapter 7では「データ分析」(Pythonを使用)という異なるテーマで、プログラミングスキルを実践できます。

最終章であるChapter 8では「『ChatGPT×プログラミング』をキャリアに生かす」と題して、プログラミング学習後、キャリアにどのように生かすかを紹介しています。

本書の読者の皆さんが、ChatGPTを使った勉強法を身に付けることで、効率的にプログラミングを習得でき、それぞれの立場で活躍することで社会のDX化が進むことになれば嬉しく思います。それでは、早速始めていきましょう。

目次

Chapter **1**
ChatGPTがもたらす
新時代のプログラミング学習

Chapter **2**
ChatGPT×プログラミング学習の基礎知識

Chapter 3
ChatGPTを活用したプログラミング学習（基礎編）

Chapter 5

実践ガイド：Webサービスの作成

Chapter 6

実践ガイド：Excel業務の効率化

Chapter 7

実践ガイド：Pythonによるデータ分析

Chapter 8

「ChatGPT × プログラミング」を
キャリアに生かす

特別対談

「これからの生成AI × キャリア」

▬ 読者特典データのご案内

読者特典として書籍に掲載しきれなかった原稿データをプレゼントします。
読者特典データは、以下のサイトからダウンロードできます。

https://www.shoeisha.co.jp/book/present/9784798161907

▬ 付属データのご案内

本書の Chapter 5 〜 7 で使用する付属データは、
以下のサイトからダウンロードできます。

https://www.shoeisha.co.jp/book/download/9784798161907

付属データの内容

- index.html（HTML ファイル）※
- 社内アンケート（Excel）
- 集計表（Excel）
- 請求書（Excel）
- gas_station_sales_data.csv（csv）

※「index.html」（HTML ファイル）は、「右クリック」→「プログラムから開く」→
　「メモ帳」で開き、編集してください。

※読者特典と付属データに関する権利は著者および株式会社翔泳社が所有しています。
　許可なく配布したり、Web サイトに転載することはできません。
※読者特典と付属データの提供は予告なく終了することがあります。あらかじめご了承ください。
※読者特典と付属データは、図書館利用者の方もダウンロード可能です。
※読者特典のダウンロードには、SHOEISHA iD（翔泳社が運営する無料の会員制度）への
　会員登録が必要です。詳しくは、Web サイトをご覧ください。

## Chapter 1

ChatGPTがもたらす
新時代のプログラミング学習

01 プログラミング学習という命題

学習成功の鍵は「学び方」

本書はプログラミングを勉強している人、これから始める人向けのガイドブックです。より効果的な勉強法を身に付けることができます。その出発点として、現在の勉強方法に目を向けてみましょう。

多くの人は、参考書や動画などの教材を使ってプログラミングを学んでいます。これまでに多くの教材やサービスが登場し、理解しやすいように改良されてきました。

しかし教材が良くなっても、いまだ多くの人がプログラミング学習に苦労しています。なぜでしょうか？

教材の改善は主に「教え方」の進化でした。多くの人に知識を届けることに重点が置かれてきた一方で、1人ひとりの具体的な質問や課題に対応するのが難しいという問題は解消できていませんでした。

そのため、これからのプログラミングの勉強法に求められるのは、より良い「教え方」を取り入れるだけでなく、**「学び方」をアップデートする**ことです。

ChatGPTで「学び方」が劇的に変わる

皆さんはChatGPTを使ったことがありますか？ ChatGPTの登場により、プログラミングの「学び方」に大きな変化が訪れようとしています。この変化に触れてみるために、4つの活用例を紹介します。

① あなたがわからない単語や概念を解説してくれる

変数と代入について質問した場合。

　プログラミングを学んでいて、理解するのが難しい言葉や概念に出会ったことはありませんか？ プログラミングの世界は特有の単語やフレーズが多く、学び始めの人にとってこれらを理解するのは大変です。一方、教材ではすべての単語について、丁寧に解説してくれているとは限りません。

　ChatGPTは、そんな難しい単語や概念の意味をあなたが理解できるまで詳しく解説して理解を助けてくれます。

② あなたが直面したエラーの解消方法を教えてくれる

> 🧑 **あなた**
> 以下のエラーメッセージが出ました。解決方法を教えてください。
>
> print("Hello World   SyntaxError: incomplete input
>
> 🤖 **ChatGPT**
> 📌 エラーメッセージ `SyntaxError: incomplete input` は、Pythonの構文が正しく完了していないことを示しています。この場合、`print("Hello World"` の文が不完全であるため、エラーが発生しています。
>
> 問題の解決方法は、以下の通りです：
>
> * `print` 関数を使う際には、引数（この場合は `"Hello World"`）を丸括弧 `()` で囲む必要があります。
> * エラーの原因は、閉じ括弧 `)` が不足していることです。
>
> したがって、コードを修正するには、閉じ括弧を追加する必要があります。以下のように修正してください：
>
> ```python
> print("Hello World")
> ```
>
> この修正により、`print` 関数は正しく `"Hello World"` という文字列を出力することができ、`SyntaxError` は解消されるはずです。

エラーメッセージの解消法を聞いた場合。

　いざ自分でプログラミングをしたときに、エラーに手こずった経験はありませんか？
エラーはプログラミングにおいて避けては通れない壁です。とくに学び始めであれば、エラーメッセージを理解し解消するのに時間がかかることが多く、途方に暮れることもあります。
しかしChatGPTを活用すれば、エラーメッセージの内容を瞬時に解析し、その原因と解決策を提供してくれます。

③ あなたが作ったプログラムを解説してくれる

> **あなた**
> 以下のコードについて、もっと良い書き方があれば教えてください。
>
> ```
> def greet_student(student):
>   if student== "太郎":
>     return "こんにちは、太郎さん!"
>   elif student== "花子":
>     return "こんにちは、花子さん!"
> ```

> **ChatGPT**
> 提案されたコードは特定の生徒名に対してのみ対応できる形となっています。しか
> し、もし将来的に新しい生徒が増える場合など、より柔軟に対応できるようにすると
> 良いでしょう。
>
> 以下は改善案です：
>
>
>
> この書き方を使用すると、どんな生徒名にも対応できます。例えば：
>
>
>
> この方法で、新しい生徒が増えた場合でも、追加の条件分岐を書く必要がなくなりま
> す。

コードのより良い書き方を聞いた場合。

　プログラムを作成したら、誰かに正しく書けているかチェックしてほし
いと思うでしょう。とくにプログラミングを始めたばかりのときは、正し
い方法がわからないため、自分のコードが正確かどうか不安に感じること
が多いです。このような小さな不安が積み重なると、学習へのモチベーショ
ンが低下することもあります。

　ChatGPTはプログラムの改善点を指摘し、より良くなるようなフィー
ドバックをしてくれます。このようにChatGPTは単なる疑問対応ツール
でなく、あなたのプログラムの質を向上させ、学習のモチベーションを高
めるアドバイザーとしても機能します。

(4) あなたが作りたいものをガイドしてくれる

> 🔵 **あなた**
> ChatGPTを使った議事録作成サービスを作りたいです。
> どんなことを習得すべきか、学習ロードマップを作成してください。
>
> ⚙️ **ChatGPT**
> 議事録作成サービスを作成するための学習ロードマップは、主にプログラミングスキル、自然言語処理（NLP）の知識、そしてプロジェクト管理のスキルに分かれます。以下に、各カテゴリーごとに具体的なステップを示します。
>
> **1. プログラミングスキル**
> * **基本的なプログラミング**:Pythonなどのプログラミング言語の基本を学びます。これは、データ構造、アルゴリズム、基本的な文法などを含みます。
> * **Web開発**:Webベースのサービスを作成するためには、HTML、CSS、JavaScriptなどのWeb技術を学ぶ必要があります。
> * **フレームワークとツール**:Pythonのフレームワーク（例：FlaskまたはDjango）や、フロントエンドフレームワーク（例：ReactまたはAngular）の使用方法を学びます。
>
> **2. 自然言語処理（NLP）**
> * **NLPの基礎**:自然言語処理の基本原理、言語モデル、テキスト処理技術などについて学びます。
> * **機械学習**:NLPは機械学習技術に大きく依存しているため、機械学習の基本原理とアルゴリズムを理解します。
> * **深層学習**:より高度なNLPモデルには深層学習が使われているため、ニューラルネットワークの基本から応用までを学びます。

学習のロードマップの作成を依頼した場合。

　具体的に作りたいモノや実現したいことの目標を持って学習を進めることは、モチベーションの維持に非常に有効です。ChatGPTは、目標に対しての道筋を示してくれます。例えば、Webアプリケーションの開発を目指している場合、必要な技術や手順、アドバイス、関連する技術情報も提供してくれます。

　これらのChatGPTを使った4つの具体例でとくに注目してほしいのは、すべてのタイトルが「あなたが〜」という形で始まっていることです。これはChatGPTが、学習者のニーズに合わせて情報を提供し、個々の疑問や要望に応じてくれることを示しています。このオーダーメイド学習のアプローチは、これまでの学び方はなかった大きな利点です。ChatGPTのようなAIツールを使うことで、直面する問題や疑問に対して適切なアドバイスを受けて、効果的に学習を進めることができます。

プログラミングを習得し、"DX人材"になる

皆さんがプログラミングを習得する目的は何でしょうか？ プログラミングを学ぶ目的はさまざまですが、1つ確かなことは、このスキルを通じて現代に求められるキャリアを築くことができるという点です。

需要が高まるDX人材

デジタルトランスフォーメーション（DX）の進展に伴い、**ITを使いこなすことのできる人材の需要は高まっています**。DX人材の不足は、多くの企業にとって課題となっています。『DX白書2023』によると、およそ90％の企業がDX人材の不足を感じています。

一方でこの人材不足は、ビジネスパーソンにとって大きなチャンスです。需要の高いDX人材を目指すことは、キャリアアップのための重要な一歩になります。

図1-1 DXを推進する人材の「量」の確保

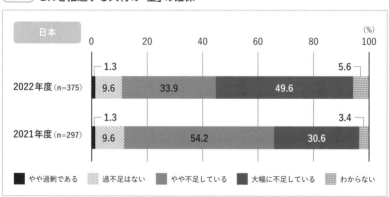

出所：独立行政法人情報処理推進機構『DX白書2023』「図表4-3　DXを推進する人材の「量」の確保」

プログラミングスキルの可能性

プログラミングスキルの習得は、**DX人材としての道を切り拓くための"セ ンターピン"である**といえます。例えば、数時間かかる業務を自動化によって数秒で終わらせたり、紙ベースの作業をデジタル化したりすることが可能です。さらに、新たなサービスを作って世の中に展開することもできるでしょう。

また、**ITを使いこなす力もプログラミング学習で培われるスキルの1つです**。これには、データの読み解き方や、サービスやシステムの構造理解、仮説検証の能力などが該当します。

「私は仕事でプログラムを書くことはない」という方でも、ITを使いこなす力は求められます。例えばITサービスを提供している会社であれば、どのような職種の方でもそのサービスの仕組みを理解していることが、顧客の信頼を得て契約を獲得したり、サービスの改善アイデアを企画したりするのに役立ちます。また、IT企画やシステム企画においては、品質の高い企画・要件定義を行うのに、プログラミングの基礎知識は大きなアドバンテージとなります。

このようにプログラミングを習得することは、**DX人材として活躍していくうえで最もインパクトが大きく、多岐にわたる分野で応用可能なスキルなのです**（Chapter 8では、プログラミングを生かしたDX人材の具体的なキャリアとその到達方法について紹介しています）。

社会全体においても、プログラミングを習得することへの関心が高まっています。

例えば、「ITパスポート試験」という資格試験では、2022年からプログラミングに関する問題が新たに出題されるようになりました。また、学校教育に目を向けると、2020年度から小学校でのプログラミング教育が必修化され、2025年からは大学入試の共通テストに「情報」という新しい科目が加わり、プログラミングが試験内容の一部になります。

これから社会に出る子どもたちを含め、これからの時代は多くの人がプログラミングスキルを持つようになるでしょう。私たちも、そのような時代に適

応していくことが求められます。

　本書の読者の方の中には、以前プログラミングを学んでみたけれど難しく感じて挫折してしまった人もいるかもしれません。しかし先ほどChatGPTの活用例を紹介したように、「学び方」は進化しています。ChatGPTを使った新しい学習方法を取り入れれば以前よりも効果的に学べるようになり、スキルを身に付けることができるでしょう。本書を通じて、ぜひもう一度プログラミングの習得に挑戦して、DX人材になることを目指しましょう。

　次章から本格的に、ChatGPTを活用したプログラミング勉強法について紹介していきます。

## Chapter 2

ChatGPT ×
プログラミング学習の
基礎知識

01 ChatGPTの基礎知識

　ChatGPTをプログラミング学習に活用するための事前準備として、本章では生成AIサービス「ChatGPT」について理解を深めます。

　はじめに、**ChatGPTの基礎知識**として、基本的な使用方法、バージョンの違い、効果的な使い方、注意すべきポイントについて丁寧に説明していきます。

　その後、**ChatGPTをプログラミング学習にどう生かすか**という視点で、その活用方法を掘り下げていきます。

　なお、すでにChatGPTの基本を理解している方は、本章は飛ばし、次章からのプログラミング学習法の習得を始めてもかまいません。

ChatGPTとは？

　ChatGPTはOpenAIによって開発された、ユーザーの質問や指示に対して、**人間のように自然な回答を行うAIチャットサービス**です。このAIはさまざまな話題や質問に柔軟に対応することを得意としています。

　2022年11月に公開され、わずか5日でユーザー数100万人、2か月でユーザー数1億人を突破しました。図2-1からわかるように、FacebookやYouTubeなどの世界的な他のサービスでは100万人達成するまでに数か月を要しています。ChatGPTは他のサービスと比較しても驚異的なスピードでユーザー数を拡大させることに成功しており、多くの方のChatGPTへの関心の高さを示しています。

図2-1 ユーザー数100万人を達成するまでにかかった日数

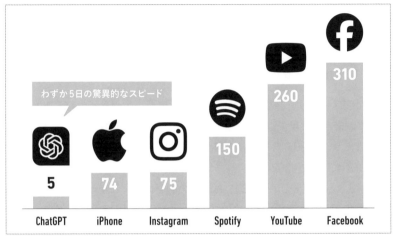

出所：起業LOG「【ChatGPTとは？】2024年最新！始め方と使い方を徹底解説」
https://kigyolog.com/article.php?id=1758

生成AI（ジェネレーティブAI）とは？

ChatGPTで使われている技術は、**生成AI（ジェネレーティブAI）**というカテゴリーに属します。生成AIとは、**新しいコンテンツを自動生成することができるAI**の一種です。

現在の生成AIの技術では、テキスト、画像、音楽などのコンテンツを生み出すことができます。ChatGPTは特にテキスト生成に特化しており、さまざまなタイプのテキストを生み出す能力を持っています。

GPTと大規模言語モデル

ChatGPTの仕組みについても簡単に紹介します。ChatGPTの内部では「GPT」と呼ばれる**大規模言語モデル**が動いています。大規模言語モデル（LLM：Large Language Models）とは、**膨大なテキストデータによって言葉の使い方を学習したAIのモデル**です。ニュース記事、書籍、Webサイトなどの情報から、言葉の意味や文の構成など、言語に関する多様な情報を学

んでいます。

　この技術によってChatGPTが人間のように流暢で理解しやすい文章を作成し、さまざまな質問に答えることを可能にしています。

ChatGPTの進化

　ChatGPTはリリース以降も進化し続け、世界に大きなインパクトを与え続けています。大規模言語モデルGPTはリリース当初のバージョンGPT-3.5から始まり、2023年3月にはGPT-4、2023年11月にはGTP-4の高性能モデルGPT-4 Turbo、2024年5月にはGPT-4oが登場しました。

　GPT-3.5とGPT-4の大きな違いは、その回答の精度にあります。例えばアメリカの司法試験の問題に挑戦させたところ、GPT-3.5は受験者の下位10%程度の得点であるのに対し、GPT-4は上位10%の得点を獲得しました。

表2-1　GPT-3.5とGPT-4の主な違い

	精度 （司法試験問題の 回答結果より）	入力可能 データ	追加機能の 利用	料金
GPT-3.5	○下位10%	○テキスト	×	無料
GPT-4 （GPT-4 Turbo、 GPT-4o）	◎上位10%	◎テキスト・ 画像	○	無料版（回数 制限あり）／ 有料版 月額20ドル

　また、GPT-4ではWeb検索や画像生成など、より使い方の幅が広がる新機能が提供されていることも特徴です（Chapter 4では、GPT-4の新機能を活用した学習法を紹介しています）。

　今後の機能追加や技術の進化に伴って、活用範囲はますます多岐にわたっていくと考えられます。

ChatGPTの始め方

ChatGPTについて理解するには、まず何よりも使ってみることです。次の方法でChatGPTを始めることができます。

① ChatGPTのページ（https://chat.openai.com/）にアクセス

② テキスト入力欄に質問などを記述し、
Enterボタンもしくは入力欄右の上矢印（送信ボタン）をクリック

③ **質問をすると ChatGPT から回答が返ってくる**

> **あなた**
> ChatGPTとは何ですか？
>
> **ChatGPT**
> ChatGPTは、OpenAIによって開発された大規模な言語モデルです。GPT
> （Generative Pre-trained Transformer）という技術の一部であり、自然言語処理
> （NLP）タスクにおいて高い性能を発揮します。ChatGPTは、会話、質問応答、文
> 章生成などの様々なタスクに活用されます。ユーザーが入力したテキストに基づい
> て自然な形で応答を生成することができ、さまざまな文脈やトピックに対応するこ
> とができます。

　このように、アカウント登録をしなくても、すぐに始めることができます。
一通りChatGPTと対話した後に、本格的にChatGPTを使っていくためにぜ
ひアカウント登録をして使いましょう。**アカウント登録をすると、これまで
のチャットが見返せたり（チャット履歴の保存）、チャットの会話を他の人
に共有することができます。**

　なお、アカウント登録はトップ画面左下の「登録する（サインアップ）」ボ
タンから行うことができます。

ChatGPTでできること

ChatGPTで最も押さえておきたい特徴は、ユーザーからチャット形式の
指ChatGPTの一番の特徴は、チャット形式の指示（**プロンプト**とも呼びます）
によってAIを動かすことができる点にあります。これらを使いこなせるの
は一部の人に限られていました。

これに対し、ChatGPTは人間の自然言語、つまり人間同士が対話するよ
うな形式で指示できるので、どんなユーザーでも簡単に利用できます。プロ
グラミングと違って、多少の曖昧さも許容したうえで、適切な結果を提供し
てくれます。ChatGPTが「**AIの民主化**」と称される理由はこのような点にあ
ります。

ChatGPTの活用ケースとしては、以下のようなものがあります。

(1) 文章作成・校正

記事、物語、詩など、多種多様な文章コンテンツを生成する能力があり
ます。また、作成した文章を読み込ませると誤字脱字や表現の間違いの修
正、要約を瞬時にすることができます。

(2) リサーチ・調査

一般的な質問や特定のトピックに関する質問に対して、持っている情報
にもとづいた答えを提供できます。

(3) 言語翻訳

さまざまな言語間でのテキストの翻訳が可能です。また、作成した英文
が文法的に適切かなどの添削をすることもできます。

(4) プログラミング支援

プログラミングに関する質問への回答だけでなく、プログラムを読んでアドバイスをしたり、簡単なプログラムを生成したりすることができます。

(5) アイデア提案

創造的なタスクを行うことも可能です。サービスのアイデアや、施策の選択肢を提供します。

欲しい回答を得るためのコツ

少しChatGPTを使うと、望んだ回答が返ってこない場面に直面するでしょう。より適切な回答を得るためには、利用者が適切な指示をすることが必要です。これを「**プロンプトエンジニアリング**」と呼びます。

具体的には以下のような方法があります。

(1) 明確かつ具体的な質問をする

ChatGPTへの質問は、明確で具体的であればあるほど、正確な回答を得やすいです。反対に、曖昧な質問や一般的すぎる質問では、期待する答えを得にくいことがあります。

> 良い例：メキシコ料理を作る際の主要な調味料を3つ挙げてください。
> 悪い例：お勧めの調味料を挙げてください。

(2) 何度も繰り返す

もし期待通りの回答を得られなかった場合、質問を繰り返してみてください。同じ内容でも言い方を変えたり、「新しいチャット」（「New Chat」）を開いたりして質問すると、適切な回答を得られる確率が高まります。

③ 特定の役割を与える（ロールプロンプト）

　回答に適した役割を質問の中で設定すると、その役割になりきって回答してくれます。代表的な設定は、「あなたはプロの○○です」と質問の最初に記述することです。設定した役割に沿った知識や視点で回答してくれるので、求めている回答が得られやすくなります。

例：あなたはプロのシナリオライターです。5歳の子どもが好みそうな物語を創作してください。

④ プロンプトを整理・構造化する

　「　」（カギカッコ）、" "（クォーテーション）、#（シャープ）などを使って質問を整理・構造化することで、ChatGPTは質問を理解しやすくなります。

例：以下の「読者ターゲット」と「本文」を参考にして文章のタイトル案を3つ作成してください。

#読者ターゲット
新卒1年目のビジネスパーソン

#本文
新人が活躍するために、大事なことが3つあります。
1つは〜

⑤ モデルに例を与える（Few-shotプロンプト）

　質問に回答例を加えると、その例から学習した回答をしてくれます。

例：りんごは果物に分類されます。バナナは果物に分類されます。
他の果物を10個挙げてください。

⑥ ステップ・バイ・ステップで考えさせる（チェーン・オブ・ソート）

　複雑な依頼については一度ですべての内容を質問せずに、連続した簡単
な依頼にすることで、ステップ・バイ・ステップで（着実に）考えること
ができ、精度を高めることができます。

例：冬にお勧めの鍋を教えてください。

冬にお勧めの鍋は、寄せ鍋、すき焼き、キムチ鍋になります。

寄せ鍋に入れるとよい具材を3個教えてください。

寄せ鍋に入れるとよい具材として、鶏肉、白菜、しいたけをお勧めし
ます。

　多くのことを意識する必要があるように感じるかもしれませんが、**本質は
コミュニケーション**です。人に質問や相談をするときと同じように、
ChatGPTに対しても質問の意図が伝わりやすいように十分な情報を提供す
ることが大切です。そうすることで、ChatGPTから得たい回答を得られる
可能性が高まります。

ChatGPTを使う際の注意点

ChatGPTは完璧ではありません。いくつか注意すべきことがあります。以下が主な注意点です。

"ウソ"に注意する

ChatGPTは必ずしも正しい回答をするわけではない点には注意が必要です。あたかも正しい回答のように間違ったことを言うことがあります。正確さが求められる内容であれば、ダブルチェックを行うなどの対策が必要です。

最新情報への注意

ChatGPTは特定の時点でのインターネットの情報をもとに学習し、回答を生成します。具体的には2024年5月時点では、ChatGPTは2023年10月までの情報をベースとして回答します。したがって最新情報やトレンドに関しては、常に最新のソースを確認することが重要です。

機密情報の共有を避ける

ChatGPTはユーザーからの入力を学習するため、企業の機密情報や個人情報を入力すると、それが学習データとして使われる可能性があります。このため、他のユーザーの質問に答える際に、それらの情報が漏えいするリスクがあります。

対処法として、ChatGPTの設定からチャット履歴の記録や学習機能を無効にすることができます。この設定により、入力した情報がAIモデルのトレーニングや改善に使われなくなり、他のユーザーへの情報漏えいのリスク

を減らすことができます。

チャット履歴無効化の方法

1 画面左下のプロフィール欄をクリックし、「設定」を選択

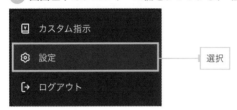

2 左メニューの「データ制御」から「チャット履歴とトレーニング」のプルタブを
オフにする

　その他にも、企業向けである「ChatGPT Enterprise」では企業の情報漏えいを防ぐように考慮がされています。取り扱う情報を踏まえて、適切なプラン・利用方法を取り入れましょう。

05 なぜ ChatGPT × プログラミング学習が効果的か?

ChatGPT×プログラミング学習の基礎知識

ChatGPTがプログラミング学習に効果的な理由は、主に4つ挙げられます。

1. 個別最適な学び

プログラミングやITに関する講義で、講師の説明に沿って全員が同じペースで作業を進める際、自分だけがうまくいかずに取り残された経験はありませんか? 講義の進行をさえぎって質問するのも難しく、そんな状況に陥ると焦ってしまいます。

また、プログラミングを学習していて、「急に難しく感じる」という経験もあるかもしれません。これは、これまでの学習で理解できていないことが積み上がった結果です。このような状態になると、学習を進めるのが困難になり、挫折してしまいます。

このように画一的な学習方法では、**教材の内容や講義の進行に学習者の理解度が追い付かない**ことがよくあります。しかし、そのようなケースが発生しても、学習者ごとの理解に対する疑問の解消やケアがしづらい状況でした。

これを解決するのがChatGPTを活用したプログラミング学習です。ChatGPTを利用すれば、学習者ごとの具体的な問題に合わせたサポートを受けられます。教育分野では**このような学び方を「個別最適な学び」と呼び、学習効果を高める手段として注目されています**。ChatGPTはまさに個別最適な学びを前進させるツールです。

2. リアルタイムなフィードバック

プログラミングを学習していてエラーが出たときに、その解決に大幅な時

間を費やした経験はないでしょうか？ 多くの時間を費やす間に学習のモチベーションが失われることも少なくありません。しかし、ChatGPTであれば、質問をするだけでリアルタイムに回答を得ることができます。このような**即座のフィードバックは、学習のモチベーションを維持するうえでも非常に有効**です。学習者は、自らの疑問点や課題をリアルタイムで解決できるため、途中でつまずくことなくスムーズに学習を進められます。

3. 優れたプログラミングスキル

ChatGPTには、コードを読み書きするスキルもあります。そのスキルはいわばプロ級で、実際にプロのITエンジニアたちも、ChatGPTにコードのたたき台を作ってもらい、それを発展させる方法を取り入れ始めています。

ChatGPTを有効に活用することは、まるで**優れたプログラミングスキルを持ったITエンジニアが学習をサポートしてくれている**ようなものです。例えば、コードの作成やチェックをChatGPTとともに行うことで、学習方法の幅が広がります。

4. 気兼ねなく質問できる

プログラミングスクールに通っていたり、教わる相手がいたとしても、わからないことを質問することに躊躇する方は多いものです。「『こんな基本的なこともわからないのか』と思われるかもしれない」「質問しすぎて迷惑ではないか」と心配になることもあるでしょうし、どのように質問すればよいかわからず、声を上げられないケースもあるでしょう。

しかし、**ChatGPTはAIなので、そのような気遣いは必要ありません。**どんな質問も何度でも受け入れてくれます。また、時間も問わず、24時間365日いつでも質問ができます。ChatGPTは人間とのコミュニケーションを快適にするために設計されており、どんな質問にも親切で心地よい回答を提供してくれます。この自由に質問できる環境が、勉強をもっと効果的で楽しいものにしてくれます。

プログラミング学習における
ChatGPTの使い方

ChatGPTを活用したプログラミング学習では、以下の3つの基本ルールに従って利用することで、学習効果を最大化できます。本書を使って学習を進める際も、これらのアプローチを取り入れることをお勧めします。

1. 教科書としてではなく、サポーターとして使う

ChatGPTからプログラミングにおけるすべての内容を学ぶのは非効率です。家庭教師にたとえるなら、教える内容や出題する問題をすべて先生が生み出しているわけではありません。教科書があり問題集があり、それらを補完して学習を成功させるのが家庭教師の役割です。ChatGPTも同じように、既存の教材や学習サービスを活用しながら、疑問を解決したり、理解を深めたりするサポート役として使うのが最適です。

2. とにかく手を動かす

よく陥りがちなプログラミング学習の間違いは、書籍などの教材を読むだけで理解しようとして、手を動かさないことです。プログラミングの理解は、自らプログラムを書き、試行錯誤を繰り返すことで深まり、応用可能なものとなっていきます。ChatGPTの活用についても同様で、実際にプログラムを書きながら**どんどん質問することがうまく活用するコツです**。質問がうまくいかなくても、相手はAIなので恥をかくこともありません。とにかく手を動かして使ってみましょう。

3. GPT-4の利用を推奨

　GPT-3.5とGPT-4では回答の精度に大きな差があります。そのため、**学習で使用する際はGPT-4を使用することを強くお勧めします。** 例えば疑問点があったときに、GPT-4のほうがスピーディーに解決方法を提供してくれる可能性が高いです。プログラムの作成を任せる際も、高い品質のプログラムを期待できます。

　2024年5月の執筆時点では、GPT-4oの登場により、GPT-4は回数制限はあるものの無料で使えるようになりました。まずは無料でGPT-4を試して、回数制限を超えて使用したくなったら有料版（ChatGPT Plus）に移行してもよいでしょう。

　それでは、次章からChatGPTを活用したプログラミング学習法を学んでいきましょう。

Chapter **3**

ChatGPTを活用した
プログラミング学習（基礎編）

プログラミング学習における ChatGPT活用Tips30選

　本章から、プログラミング学習におけるChatGPTの活用法を習得していきます。Chapter 3とChapter 4では30個のChatGPT活用Tipsをまとめました。多くの学習シーンで活用できる10個のTipsを**基礎編 (Chapter 3)**、より具体的なシチュエーションに応じた20個のTipsを**応用編 (Chapter 4)**として紹介します。Tipsのタイトルに一通り目を通したうえで、自身の学習に取り入れたいもの、今直面している学習の課題を解決してくれそうなものから読み進めてみるとよいでしょう。

　なお、理解が深まるよう、すべてのTipsに質問例 (プロンプト例) と回答例を掲載しています。回答例を見れば、回答例を見れば、ChatGPTからどんな回答が得られるかのイメージがつかめます。さらに、これらの例を参考にしてChatGPTに質問してみることで、すぐに実践することができます。

　基礎編では、**プログラミングをこれから学ぶ方のスタートダッシュをサポートする方法**を紹介します。ここで紹介する活用方法は基礎的なものですが、その分、多くの学習シーンで役立つ内容となっています。自分らしい学習の進め方を見つけたい方も、これをアレンジして使うことができます。

　本書では**Python**というプログラミング言語をもとに説明しますが、ここでのアドバイスは他の言語にも適用可能です。別の言語を学んでいる方も、内容をその言語に合わせて活用してみてください。

　さらに本書では、ChatGPTを利用することで学習の効率が上がるだけでなく、**生成AIを学ぶうえで大切な考え方が獲得できる**ことを目指しています。これらは汎用的なマインドセットとして、今後さまざまな技術を学んでいく際に役立つことでしょう。この考え方を**「生成AI時代の学習マインドセット」**として紹介していきます。

プログラミング習得までの流れ

まずプログラミングを習得していくにあたって、全体の流れを押さえておきましょう。

図3-1 **プログラミング習得までの流れ**

事前準備	基礎学習	演習課題	実践・実用
・目標設定 ・学習計画策定 ・教材選定 ・学習時間の確保 ・環境準備（PC／ソフト）	・文法の習得 ・基礎知識の理解 ・プログラム実行 ・エラーへの対処	・コーディング問題 ・写経 ・コードリーディング ・アルゴリズム	・サービス作り ・良いコードを書く ・関連技術の習得 ・テスト

① 事前準備

プログラミングを学ぶ前に、まず事前準備が必要です。このとき、何を学びたいのか、どのくらいの学習時間を確保できるのかという**目標と計画**をしっかりと立てます。次に、**自分に合った教材や学習ツール**を選びます。もちろん、学習をするための**PCやソフトウェア**の準備も大切です。

② 基礎学習

基礎学習の段階では、**プログラミング言語の文法の習得を中心に、その背景や意味を含めた基礎的な知識の理解**をしていきます。本を読むだけではなく、実際にコードを書いて**プログラムを実行**し、出てくる**エラーへの対処方法**を学びながらトライアンドエラーを繰り返します。

③ 演習課題

　基礎を一通り学習したら定着のための演習課題への取り組みが重要です。さまざまな**コーディング問題**に取り組んだり、**他人のコードを写経する**など、**コードを書く量を増やすこと**でプログラミングのスキルをしっかり身に付けます。さらに、アルゴリズムやデータ処理など**問題解決のための発展的な手法**についても学んでいきます。

④ 実践・実用

　最後に、スキル習得の目標にあたる実践・実用にチャレンジします。ここでは、**実際に自分のアイデアを形にするためのサービスを作ります**。それを通して、より質の高いコードを書けるように技術を磨いたり、データベースやクラウドなどの**関連技術を習得したり**する必要があります。書いたコードの正確性を確かめる**テスト**などを行うことで、評価される実用レベルのスキルが習得できるでしょう。

　この流れに沿って学び続けることで、実際の仕事やキャリアに役立つスキルを習得できます。その一方で、ステップごとに発生する課題があり、それによりプログラミングがつらいと感じたり、行き詰まりを感じたりすることがあります。

　これまではそうした壁にぶつかることで、途中で挫折してしまう人が多くいました。しかし、これからはChatGPTを有効に活用することで、このような課題を解決することができます。学習のどのステップでも、ChatGPTはあなたの強い味方になってくれるでしょう。

Tips 01 学習ロードマップを描く

あなたがプログラミングの学習を始める理由は何でしょうか？ 例えば、自分のアイデアをプログラミングで実現したいと考えているのかもしれません。あるいは、新しいスキルを普段の仕事や副業、転職に役立てたいと考えているのかもしれません。

これまで仕事で「ExcelやPowerPointでこんな資料が作りたい」と思って、使い方を調べたり学んだりした経験はありませんか？ そのように具体的な目標を持って学ぶことで、実用的なスキルを身に付けることができたはずです。 プログラミングも同じで、スキルをどう活用したいかという明確な目標が必要です。明確な目標を持つことで、学んだ内容を「どのように活用するか？」という視点で考え続けるようになり、キャリアを強化するツールとして使えるようになります。

目標を明確にしてロードマップをパーソナライズする

目標を定めたら、その道のりを明確にすると学習の成功確率が高まります。旅をする際に地図が役立つように、**目的地に向けてどう進むべきかの計画、つまり学習ロードマップが重要です**。しかし、プログラミングを始める段階で、これからどのような学習内容が待ち構えているのかをイメージしてロードマップを作成することは難しいでしょう。そこで、ChatGPTを利用してロードマップを作成してみましょう。

これから Python を学んで、AI を使ったサービスを作りたいと考えています。
その学習ロードマップを作成してください。
プログラミング初心者にもわかりやすい言葉で作成してください。

Python と AI を学ぶための学習ロードマップを以下に示します。このロードマップはプログラミング初心者を対象としており、段階的に進めることを前提としています。

1. プログラミングの基礎
1.1. Python の基礎
- 変数とデータ型
  - 数値、文字列、リスト、辞書などの基本的なデータ型を学ぶ。
- 制御文
  - if, else, elif による条件分岐。
  - for と while によるループ。
- 関数
  - 基本的な関数の作成と呼び出し。
  - 引数と戻り値。

1.2. プログラミングの基本的な考え方
- アルゴリズム
  - 問題解決の手順を考える方法。
- デバッグ
  - エラーメッセージの読み方。
  - 一歩ずつコードを実行してみる方法。

2. Python の中級・応用
2.1. オブジェクト指向
- クラスとオブジェクト

◦ オブジェクト指向の概念の理解。

2.2. Pythonのライブラリ

- numpy、pandas
    ◦ データ分析の基礎。
- matplotlib、seaborn
    ◦ データの可視化。

(以下略)

ここでは例として、「Pythonを学んで、AIを使ったサービスを作りたい」という目標を設定し、「その学習ロードマップを作成してください」とChatGPTに依頼しました。

加えて、わかりやすい回答をもらうために**「プログラミング初心者にもわかりやすい言葉で作成してください」**と依頼しました。このような指示を加えることで、初心者向けの丁寧な回答を作成してくれる可能性が高まります。

ChatGPTはこの指示を受けて、段階的な学習ステップを提示してくれました。どの段階でどのような内容を学んでいくのかが示されています。すでに使っている教材があれば、掲載されている学習項目と見比べると、学習すべき全体像に対してその教材でカバーできる範囲などがわかり、このロードマップをさらに役立てることができます。

より良い学習ロードマップを引き出すポイントは、目標の明確さです。目標をしっかり設定することで計画が具体的になります。逆に目標がぼんやりしていると、何をどのように学ぶべきかも不明確になってしまいます。また、利用可能な学習時間、目標達成の期限、好む学習方法などを伝えることで、よりパーソナライズされたロードマップが得られるでしょう。

学習のつまずきを回避する方法

学習のイメージをつかむという意味で、各ステップにおいてどの部分が難しいかを把握しておくことも効果的です。ChatGPTに聞いてみましょう。

私はプログラミングを初めて学習します。
Pythonを学ぶ際、初心者にとって難しいポイントを教えてください。

初心者がPythonを学ぶ際に難しいポイントとその理解の手助けとなるアドバイスをシンプルにまとめてみましょう。

1.インデント (字下げ)

つまずきポイント: Pythonは、コードのブロックを区切るためにインデントを使用します。正しくインデントされていないとエラーになります。
アドバイス: 一貫性を持って、例えば1ブロックごとにスペース4つ分で字下げするなど、決めたルールに従いましょう。

2.データ型

つまずきポイント: 文字列 ("hello")、数値 (5)、リスト ([1,2,3]) など、さまざまなデータ型があります。これらの違いや変換方法を理解するのは初めての方には難しいことがあります。
アドバイス: まずは基本的なデータ型を学び、それらを使った簡単な計算や操作を実践してみましょう。

(以下略)

　ここでは「Pythonを学ぶ際、初心者にとって難しいポイントを教えてください」と質問して、そのポイントとアドバイスをもらっています。**初めて学ぶ人がとくにつまずきやすい部分は、意外と共通しています。**地図上で障害物を発見したら経路を変えるように、難しいポイントを先に知っておくことで効率的に学習を進めることができます。

ロードマップを作りながら学習のステップをイメージすることができれば、スムーズに学習を始めることができます。イメージができないなら、ChatGPTに追加で質問しましょう。

　一方で、最初のロードマップが完璧である必要はありません。学習を進めるうちに計画が変わることもあります。必要に応じて、再びChatGPTに質問し、新しいロードマップを作成すればよいだけです。完璧を目指さずにまずは学習を始めてみることをお勧めします。

ChatGPTを活用したプログラミング学習（基礎編）

Tips
02

環境構築の
壁を乗り越える

環境構築とは、自身のPCでプログラミングを行い、プログラムを実行できるようにするための設定や準備のことを指します。環境構築は、**どのプログラミング言語を学ぶにしても最初のハードル**となります。学習を始める初日に環境を整えるのに時間がかかって、その日はそれで終わってしまうこともよくあります。しかしChatGPTのサポートがあれば、このような問題を短時間で乗り越えることができます。

環境構築の手順を聞く

早速ChatGPTに環境構築の手順を教えてもらいましょう。

> 私はプログラミングの初心者でこれから学習を始めます。
> Windowsにおける、Pythonを学ぶのに必要な環境構築の手順を教えてください。

> Pythonを学ぶためにWindows環境を整える手順をご説明します。手順を順に追っていけば、初心者の方でもスムーズに環境構築を進めることができます。
>
> **1. Pythonのインストール**
>
> **1.Python公式ウェブサイトにアクセスする:** Python公式ウェブサイトにアクセスし、「Downloads」からWindows版のPythonをダ

ウンロードします。

2.インストーラーのダウンロード:
自動的に推奨されるバージョンが表示されますが、特定のバージョン
を必要とする場合は、「Downloads」メニューから「Windows」を選
択して目的のバージョンを探します。

3.インストール:
ダウンロードしたインストーラーを実行します。「Add Python 3.x
to PATH」のチェックボックスをオンにしてから、「Install Now」を
クリックします。

(以下略)

　ここでは、「Pythonを学ぶために必要な環境構築の手順を教えてください」
という質問から始めています。この質問をChatGPTにすると、環境構築の
詳しい手順だけでなく、作業が正しく進んでいるかをチェックする方法も教
えてもらえます。この手順に従って環境構築を進めましょう。

わからないことはすぐに追加で質問する

　ChatGPTの回答に従って環境構築を進める中で疑問点や不明点が生じた
場合、その点について追加で質問することで、すぐに解決策を得られます。

> 回答された手順の中にある「1.Pythonのインストール」の手順を詳し
> く教えてください。

もちろんです。Windowsにおける「Pythonのインストール」の手順
をさらに詳しくご説明します。

1. Python公式ウェブサイトにアクセス

まず、Pythonの公式ウェブサイト（https://www.python.org/）に
アクセスします。

2. Pythonインストーラーのダウンロード

サイトのトップページにアクセスすると、「Downloads」メニューが
あります。Windowsユーザーの場合、自動的にWindows用の
Pythonインストーラーが推奨されることがあります。これには
「Download Python X.X.X」（X.X.Xはバージョン番号）というボタ
ンが表示されます。このボタンをクリックしてインストーラーをダウ
ンロードします。

　ここでは先ほどのChatGPTの回答を引用して、「回答された手順の中にあ
る『1.Pythonのインストール』の手順を詳しく教えてください」と、より詳
細な手順を質問しました。このように引用して質問することで、**ChatGPT
は「前回の回答と関連した質問である」と解釈し、前回の回答を踏まえて、
それよりも詳しい手順を提示してくれます。**
　本書ではWindowsで環境構築する方法について質問しましたが、Macを
使っている場合など、パソコンの環境や設定によって手順が変わります。自
身がつまずいたところに応じて、その具体的な部分について質問するとよい
でしょう。そうすることで1人で悩み続けるよりも、スムーズに環境構築を
進めることができます。

04 Tips 03 難解な専門用語をやさしく理解する

プログラミングを学んでいるとカタカナ用語やコンピュータ用語を含む「専門用語」がしばしば出てきます。例えば以下の文章は「Python チュートリアル」という Python 公式の教材に出てくる一文です。

> それでは、簡単な Python コマンドをいくつか試してみましょう。**インタプリタ**を起動して、**一次プロンプト**、>>> が現れるのを待ちます。

学び始めの方がこの一文を読んだ際に、「インタプリタとは？」「一次プロンプトとは？」という疑問点が出てくることは想像に難くありません。英語に不安を感じる方であればなおさらです。**プログラミングに対して苦手意識を覚える大きな理由の1つが、この専門用語の難しさにあります。**

これらの用語が出てくると、苦手意識がある多くの人は深く理解せずに読み飛ばして先に進みます。初めのうちは1つひとつの用語や概念を理解していなくても、それほど問題なく学習を進めることができます。しかし、先に進むにつれて理解できていないことが積み重なっていくと、ついに教材で書かれていることがまったく理解できなかったり、演習で何から着手してよいかわからなくなってしまいます。このような**「何がわからないかわからない」状態に陥ると、学習の進行が難しくなり、モチベーションも低下してしまいます。**

専門用語を理解し知識の土台をしっかり築くことは、効率的に学習を進める近道です。しかし、書籍や学習サービスの教材がこれらの用語や概念を丁寧に説明しているとは限りません。

そこでChatGPTの出番です。学習中に出会った理解しづらい用語や概念について、詳細な解説を作ってもらいましょう。

私はプログラミング初心者です。
学習している教材に以下の文章が出てきました。
ここで使われている「一次プロンプト」について、初心者でも理解できるように解説してください。

#文章
それでは、簡単な Python コマンドをいくつか試してみましょう。
インタプリタを起動して、一次プロンプト、>>> が現れるのを待ちます。

「一次プロンプト」とは、Pythonのインタプリタ（コードを実行するためのプログラム）がユーザーからの入力を待っているときに表示される記号のことです。Pythonでは、この一次プロンプトは通常「>>>」という形で表示されます。

インタプリタを起動すると、「>>>」という一次プロンプトが現れます。これは、インタプリタがあなたからのPythonコマンド（命令）を受け付ける準備ができているというサインです。ここにPythonのコードを入力すると、そのコードが実行され、結果が表示されます。

例:

```python
>>> print("Hello, World!")
Hello, World!
```

このように、プロンプトは「今、コマンドやコードを入力してよいよ」というコンピュータからのサインのようなものです。

(以下略)

ここでは、「学習している教材に以下の文章が出てきました」と教材の文章を提示したうえで、その中で使用されている「一次プロンプト」という用語について解説を求めることで、回答を得ています。

　ChatGPTは用語に関する基礎的な説明だけでなく、例を挙げたり、「『今、コマンドやコードを入力してよいよ』というコンピュータからのサイン」というようなわかりやすい表現を使って、**さまざまな視点から理解できるように回答をしてくれます**。

回答の不明点をさらに質問する

さらに理解を深めたい点があれば、追加で質問してみましょう。

> 回答の中で使われている「インタプリタ」について、初心者でも理解できるように解説してください。

> この文脈での「インタプリタ」とは、Pythonのプログラムを実行するためのソフトウェアです。具体的には、Pythonで書かれたコード（ソースコード）を読み込んで、それをコンピュータが理解し実行できる形に変換し、実行する役割を担います。
>
> インタプリタは次のように機能します：
>
> 1．コードの読み込み：ユーザーがPython言語で書いたコードを一行ずつ読み込みます。
> 2．コードの解釈と実行：読み込んだコードを解釈し、それに従って命令を実行します。
>
> （以下略）

回答内に出てきた「インタプリタ」という用語についても追加で質問すると、文脈を踏まえて回答を提供してくれます。このようにステップ・バイ・ステップで質問していくことで、不明点について網羅的に理解できます。

　専門用語をしっかり理解し自分のものにすることで、学習をスムーズにすることができます。理解しづらい用語が出てきたときはChatGPTに質問して、知識の土台を築いていくことをお勧めします。

生成AI時代の学習マインドセット

 質問力を鍛える

　ITエンジニアなど、まわりにプログラミングに精通している人がいるときには、プログラミング学習を進めていく中で、そうした人に質問することもあるでしょう。そのときに意識したいのは、望んだ回答を得られる「質問力」です。質問の仕方が適切であれば、望んだ回答を得られます。

　質問力を高めるには、**「事実」を「詳細」に伝えること**を意識することです。具体的には、次のようなことを心がけます。

■**事実を伝える**
　・やりたいこと（例：環境構築をしようとしている）
　・発生している問題（例：このようなエラーが出た）
　・試したこと（例：再起動してみたけど問題は解決しなかった）

　反対に、望ましくない質問の仕方は「解釈」を伝えることです。例えば、「環境構築が途中で失敗しました」という質問には解釈が含まれていることに気づきましたか？ 質問者は何か事象が発生して（＝事実）、「失敗した」（＝解釈）と考えたはずです。そうではなく、実際に何が起きたのかという事実を伝えることが必要です。

■ **詳細に伝える**

・エラーであればエラーメッセージ全文を共有する
・ソースコードがあればそれもすべて共有する
・問題発生までに行った手順を漏れなく提示する

　詳細の反対は「あいまい」です。「環境構築ができません。どうしたらよいですか？」という質問は、具体性が不足しています。これでは質問を受けた人は、問題の原因や状況を理解するのに余分な時間を費やすことになります。また、必要な情報が欠けていると、間違った回答を導き出してしまうかもしれません。

　質問力を鍛える方法の1つとして、質問したい内容を文章にして整理することが有効です。これにより、頭の中が整理され、適切な質問がしやすくなります。現代はチャットなどテキスト形式でのコミュニケーションも多くなっています。
　ChatGPTでの質問は、この「文章による質問の整理」のプロセスに似ています。ChatGPTから適切な回答を引き出すことは、プログラミングにおける質問力を鍛えることにつながるのです。

05 〔Tips 04〕 エラーを解決する

　プログラミングはトライアンドエラーの繰り返しです。たった1文字ソースコードを間違えただけで期待した結果が得られなくなり、代わりにエラーが表示されます。初めて学習する方からプロのITエンジニアまで、エラーと向き合うことがプログラミングの主な活動の1つといっても過言ではありません。

　プログラミングの学習をしている多くの人が、このエラーの解決に頭を悩ませます。エラーが出ると長い英文の**エラーメッセージ**が出力されるため、初学者にとってはその時点で面くらいます。解読しようとしても理解できず、自分が書いたプログラムのどこが間違っているのか、目を皿のようにして探します。けれども、何度確認しても何が間違っているのかわからない……こうなるとそこで学習が止まってしまい、学習へのモチベーションが下がってしまいます。

ChatGPTにエラーを解決する方法を聞く

　このように初学者を悩ませるエラーメッセージですが、ChatGPTはプログラミングのエラーの解決にうってつけです。早速試してみましょう。

以下のコードを実行するとエラーになりました。解決方法を教えてください。

#実行したコード

```python
                                                    Copy code
def greet(name):
    print(f"Hello, {name}!")

greet()
```

#エラーメッセージ(全文)

```plaintext
                                                    Copy code
TypeError Traceback (most recent call last)
<ipython-input-3-21744b55c729> in <cell line: 4>()
  2 print(f"Hello, {name}!")
  3
----> 4 greet()
TypeError: greet() missing 1 required positional argument: 'name'
```

エラーメッセージ「**TypeError: greet() missing 1 required positional argument: 'name'**」は、関数 greet が引数 name を必要とするが、呼び出し時にその引数が提供されていないことを示しています。

関数 greet は、引数として name を必要としていますが、greet() を呼び出す際にその引数が渡されていません。したがって、関数を呼び出す際には、必要な引数を提供する必要があります。

解決方法は、greet 関数を呼び出すときに名前を引数として渡すことです。例えば：

```python
                                                    Copy code
def greet(name):
    print(f"Hello, {name}!")

greet("Alice")  # ここで "Alice" を引数として渡します
```

このように修正すると、関数は正常に動作し、「Hello, Alice!」と出力するはずです。

ここでは自分が作成し実行したコードとともにエラーをChatGPTに伝えることで、具体的な解決方法と修正後のコードまで教えてもらいました。

　従来のエラー解決法は、エラーメッセージを検索エンジンで調べることが一般的でした。しかし、同じエラーメッセージでもさまざまな原因が考えられ、**検索エンジンだけでは自分の状況に適した解決策を見つけるのが難しい**ことがあります。

　この点で、ChatGPTにエラーの解決方法を聞くのは有効な方法です。**実行したコードとともにエラーメッセージを提示することで、自身の今の状況にマッチした解決方法にたどり着く可能性が高まります。**

エラーが解決しないときは？

　一点注意しなければならないのは、ChatGPTは必ずしも正確な答えを示すわけではないということです。もし、ChatGPTのアドバイスでエラーが解決しなかったら、以下の手順を試してみてください。

- ChatGPTにエラーが解決しなかったことを伝え、他に考えられる原因を質問する
- プログラムの詳細（ソースコード）を共有して、再度質問する
- 新しいエラーメッセージが出たら、その情報を提供して再度助けを依頼する

　この方法を試すと驚かされるのは、「こんな難しいエラーはわからないだろう」と思うようなエラーでも、継続して質問することで適切な答えが得られることです。ですので、ChatGPTの能力を過小評価せずに積極的に利用することで、エラーを短時間で解消して学習のペースを上げていきましょう。

生成 AI 時代の学習マインドセット

その2 エラーから学ぶ

　プログラミングを学ぶ過程ではたくさんのエラーを経験しますが、エラーが出たからといって落ち込むことはありません。むしろ、**エラーは学びの宝庫**です。多くのエラーを通じて解決策を見つけることで、文法や概念への理解が深まります。よく理解していないのに偶然合っているプログラムよりも、エラーが出てそれを解決する経験のほうがずっと価値があります。

　とはいえ、誰もが失敗したくないと思っているように、エラーに直面すると精神的に疲れてしまうことがあります。プログラミングの学習が計画通りに進まないとき、イライラや焦りを感じることもあるでしょう。しかしChatGPTを使うことで、エラーの解決が格段にラクになり、エラーを迅速に解決できるようになる自信がついてきます。

　エラーから学ぶという姿勢があれば、どんな技術でも早く身に付けることができます。ChatGPTは、このようなマインドセットを築くのをサポートしてくれます。たくさんのエラーに直面し、その1つひとつから学びながら、プログラミングスキルを磨き上げていきましょう。

Chap **3**

ChatGPT を活用したプログラミング学習（基礎編）

単純ミスを特定し、学習のムダを省く

　プログラミングのエラーについて、学び始めた方が知っておくべき重要なことがあります。それは、エラーの多くが**単純なミス**であることです。単純なミスとは、例えば以下のようなものです。

- スペルミス
- スペースの半角を全角を間違える
- カッコ "()" が多い、もしくは少ない
- 大文字と小文字の区別ができていない
- セミコロン ";" などの記号忘れ
- インデントが不正確

「こんな単純なミスをするわけがない」と思うかもしれませんが、十分な経験がある人でも犯してしまうことがあります。

ChatGPTに単純なミスを見つけてもらう

　プログラムは1文字間違えるだけで動かなくなることも多く、厳密さが求められます。しかも厄介なのが、このようなミスは強調スタイルにということです。単純なミスだと気づかずにエラーの原因を探して、迷路に迷い込むように時間をかけてしまうことはよくあります。このようなミスもChatGPTにコードを渡せばすぐに気づいてくれます。

以下のコードがエラーになる原因を教えてください。

```python
python                                    📋 Copy code

def print_numbers():
    for i in range(5):
    print(i)

print_numbers()
```

提供されたコードでエラーが発生する原因は、**print(i)** のインデント
が不適切であるためです。Pythonでは、インデント（空白またはタ
ブによる字下げ）はコードのブロック構造を定義するために非常に重
要です。

以下のようにコードを修正することで、エラーを解決できます：

```python
python                                    📋 Copy code

def print_numbers():
    for i in range(5):
        print(i)  # 正しいインデントでforループの内側に配置

print_numbers()
```

この修正により、**print(i)** は for ループの内部として正しく認識さ
れ、コードは0から4までの数値を順番に出力します。

　インデントの見落としやスペルミスなど、1文字違いのミスも検知し、修
正版のコードまで提供してくれます。このような単純なミスに時間をかける
のは非効率です。エラーが発生したら、まずは「**どこかで単純なミスをして
いないか？**」と疑い、ChatGPTに原因を尋ねれば、あっという間に解決する
でしょう。

生成AI時代の学習マインドセット

その3 効果的な問題の切り分け方法

　エラーが発生したとき、「ここが原因じゃないか？」と仮説を立て、原因を探ることを「**問題の切り分け**」と呼びます。問題を切り分ける力はプログラミング学習、ひいてはそのスキルを活用していくうえでは重要です。例えば、前日まで動いていたプログラム・サービスが何もしていないのに、突然動かなくなったなどはよくある話です。

　プログラミング学習中にエラーが発生したとき、まず単純なミスから疑うことも、この効果的な切り分け方法に沿ったアプローチです。例えば、動かなくなったサービスに関しては、以下のようなことを疑ってみるとよいでしょう。

- 他の誰かが誤って修正したのではないか？
- （何もしていないと勘違いしていたけれど）昨日自分が修正したのではないか？
- （前日まで動いていると勘違いしていたけれど）昨日も動いていなかったのではないか？

　単純な原因は「そんなわけない」と見過ごしがちなので、反対にそこに原因があるときに原因究明に多くの時間がかかってしまうことが多いです。

　ChatGPTを使って多くのエラーと対峙して問題の切り分け方法を磨いていくと、学習効率はどんどん加速していくでしょう。

Tips 06 「調べる」力で 素早く疑問を解決する

　プログラミングを学んでいく中で、「**調べる**」という行為は欠かせないものです。プロのITエンジニアであっても知らないこと・わからないことは多くあり、新しい言語や技術を学ぶ際はインターネットや書籍を活用して疑問を解決します。

　プログラミング学習中の方も、使っている教材だけではすべての疑問を解消することは難しいでしょう。そのようなときは、他の書籍や情報源を探し、自ら学ぶ姿勢が大切です。

ChatGPTに勉強の参考になる情報源を聞く

　ChatGPTは調べることを強力にサポートしてくれます。いくつか例を見ていきましょう。例えば、あなたがPythonの「関数」についてより詳しい情報を得たい場合は、ChatGPTに調査してもらうとよいでしょう。

Pythonの関数について学んでいます。
理解が進むような日本語の参考サイトや教材を教えてください。

Pythonの関数について学ぶ際に役立つ日本語の参考サイトや教材を
以下に挙げます。

1.公式ドキュメント

Pythonの公式ドキュメントは非常に詳しく、関数に関する基本的な

情報から高度な内容までカバーしています。
公式ドキュメント（日本語版）[※]

2.Dive Into Python

Pythonの詳細な解説を行っている書籍で、日本語訳もあります。
Dive Into Python（日本語版）[※]

(以下略)

　ここでは、「理解が進むような日本語の参考サイトや参考教材を教えてください」と質問して、**サイトのリンク付きで回答をもらっています**。自ら探し回らなくても、ChahGPTがお勧めの学習リソースを教えてくれます。

ChatGPTにわからないことを調べる方法を教わる

　また、**ChatGPTに調べ方を聞く**というアプローチもあります。

> 私はPythonの関数について学んでいます。
> 理解を深めるための適切なサイトに到達するための検索ワードとして、適切なものを教えてください。
> また、適切なサイトに到達するために検索で注意すべきことを挙げてください。

Pythonの関数について理解を深めるための検索ワードと注意点を以下に示します。

検索ワード:
　　1.　Python 関数 入門

※実際の回答にはリンクが付いています。

2. Python 関数 使い方
3. Python 関数 定義
4. Python 関数 チュートリアル
5. Python 関数 引数 戻り値

検索時の注意点:

1. **情報の新しさ:** Pythonは進化し続ける言語です。特に
   Python2とPython3には大きな違いがあるため、最新の情
   報やPython3に関する情報を参照するようにしましょう。
2. **信頼性のあるサイト:** .eduや公式ドキュメント、または有
   名な教育機関やコミュニティが提供する情報を優先的に参
   照するとよいでしょう。

(以下略)

　わからないことが出てきたときにインターネットで検索するのは一般的で
すが、特に学び始めの頃は調べる際に以下のような理由で悩んだり立ち止
まったりしてしまうことがよくあります。

● どのキーワードで検索すればいいのかがわからない
● 多くの検索結果からどれが信頼できる情報なのかわからない

　しかし、ChatGPTを使えば「調べる」テクニックを補強することができま
す。上記の回答の中から一例を挙げると、検索時の注意点として、「信頼性
のあるサイト: .eduや公式ドキュメント、または有名な教育機関やコミュニ
ティが提供する情報を優先的に参照するとよいでしょう」と回答しています。
ITの分野でよくいわれるのは、「新しいサービスや技術に関する情報を探す
際、まず公式ドキュメントを参照する」ことです。これは、公式の情報が最
も信頼性があり、問題解決に役立つリソースである可能性が高いからです。
ChatGPTはこのようなアドバイスを通じて、**インターネットの広大な情報**

の海から、信頼できる情報を見つけ出すための方法を教えてくれるわけです。

　ChatGPTから調べることに関するサポートを引き出す具体的な方法として、「直接情報を尋ねる」と「調べ方のアドバイスを求める」の2つのアプローチを紹介しました。

　「直接情報を尋ねる」場合は、ChatGPTは最新の情報をもとに回答していないので、その点は注意が必要です。

　一方で「調べ方のアドバイスを求める」方法では、得られる情報から適切なものを選ぶ判断が必要となります。情報を探す際には、これらの特性を理解し、適切に使い分けるようにしましょう。

生成AI時代の学習マインドセット

 「調べる」スキルを磨く

　問題解決に必要な情報を速やかに見つけ出す技術、すなわち「調べる」スキルはとても重要です。進化の早いITの世界では日々新しい技術や情報が出てくるため、**問題解決のために未知の情報にアクセスし、活用していく力が求められます**。そのため、ITエンジニアやプログラミングを活用しているビジネスパーソンは、日常の業務の中で自然とこの「調べる」スキルを磨いています。

　これまでの主な「調べる」ツールは検索エンジンでしたが、ChatGPTは新たなツールとして注目されています。生成AIの時代では、検索エンジンとは異なるアプローチ、例えば具体的な質問をすることやコミュニケーションを取りながら正確な情報を得るといった新しいスキルが求められるようになります。

　ChatGPTを使いこなすことで、これらのスキルを獲得することにつながります。プログラミングをさらに活用していくために、ChatGPTを活用し自身の「調べる」スキルを磨きましょう。

オリジナルの
チートシートを作る

「調べる」の発展系として、プログラミング学習用の「**チートシート**」を作成してみましょう。

プログラミングはまるで英単語や英文法のように、指定された単語や関数、書き方が数多く存在するため、覚えることが多いように感じるかもしれません。特に学習初期では、新しく学んだコードの書き方がすぐには思い出せないことから、「難しすぎる」「自分には向いていない」と感じてしまうことがあります。わからなければ調べて進められるのがプログラミングの特徴です。しかし、学習初期はわからないことだらけです。毎回わからないところを調べるのも手間がかかります。

そこで役立つのが、チートシートの作成です。チートシートとは、**よく使う用語やその機能をまとめた辞書であり参考資料**のようなものです。チートシートは自分専用の辞書として、インターネットで調べるよりもスピーディーに調べることができます。

ChatGPTで代表的な構文のチートシートを作成する

ChatGPTを利用することで、簡単にオリジナルのチートシートを作成できます。例えば、利用頻度の高い（+, -, *）などの演算子や記号のチートシートの作成を依頼します。

Python初心者向けに、よく使う演算子や記号のチートシートを作ってください。表にしてください。

Pythonでよく使われる演算子や記号についてのチートシートを作成します。この表は、Python初心者がよく遭遇する基本的な演算子や記号の使い方を示しています。

演算子/記号	名称	用途・説明
+	加算	二つの数値の加算、または二つの文字列/リストの連結に使われる
-	減算	二つの数値の差を計算する
*	乗算	二つの数値の積を計算する、文字列やリストの繰り返しにも使用される
/	除算	二つの数値の商を計算する
//	整数除算	二つの数値の商を計算し、結果を整数に丸める
%	剰余	二つの数値の剰余を計算する
**	累乗	左の数値を右の数値で累乗する
=	代入	右側の値を左側の変数に代入する
==	等しい	二つの値が等しいかをテストする
!=	等しくない	二つの値が異なるかをテストする
<	より小さい	左の値が右の値より小さいかをテストする
>	より大きい	左の値が右の値より大きいかをテストする
<=	以下	左の値が右の値以下かをテストする
>=	以上	左の値が右の値以上かをテストする

(以下略)

　このようなシートでよく使う情報をひとまとめにすることで、必要なときにすぐに書き方が参照できるようになり、学習効率が上がります。

　ChatGPTのチャット履歴は保存されるため、必要に応じて参照することができます。1つのチャットページの中に複数のチートシートを作成し、プログラミング学習のための辞書とするのもよいでしょう。

　業務でプログラミングを活用している方も**関数や構文をすべて暗記していることは稀**で、必要に応じて用語を検索しながら作業を進めたり、同じようなチートシートをもとに業務を行ったりします。プログラミング学習においても、検索や資料を有効に活用し、より効率的に学びましょう。

Tips 08 プログラムの動きを「可視化」する

プログラミングを学び始めの人が直面する難しいことの1つが、**プログラムの動きがわからない**という点です。基本的にプログラムは1行ずつ実行されていきますが、以下のような動きはプログラム作成中も作成後も見ることができません。

（図3-2） **プログラムの動きがわからない**

プログラムが
どんな順番で動いているか

各変数に
どんな値が入っているか

条件分岐は
どの経路が選択されたか

　例えば、自分で書いたコードが期待した結果にならない場合、何が問題なのかを突き止める必要があります。コードに改めて目を通し頭の中でどう動くかを想像しながら動かない原因を探るのですが、経験の少ない学習者にとってこれは難しいことです。

ChatGPTでソースコードの動きを可視化する

　その解決方法として、ChatGPTに**「可視化」をサポートしてもらう**ことができます。作成したプログラムを示して、以下のような質問をしてみましょう。

以下のソースコードの変数a, b, cがどう変化していくかについて、
ビジュアル化して理解しやすく解説してください。

```python
def main():
    a, b, c = 0, 0, 0
    b = 12
    a = b
    b = a + 1
    c = a + b

main()  # 関数を呼び出すために追加
```

このPythonのソースコードの変数a, b, cの変化をステップごとに
ビジュアル化して説明します。

1.変数の初期状態:

```makefile
a = 0
b = 0
c = 0
```

2.b = 12; により、bに12が代入される。

```makefile
a = 0
b = 12
c = 0
```

3.a = b; により、aにbの値が代入される。

```makefile
a = 12
b = 12
c = 0
```

4.b = a+1; により、bにaの値+1が代入される。

```makefile
a = 12
b = 13
c = 0
```

5.c = a+b; により、cにa+bの結果が代入される。

```makefile
a = 12
b = 13
c = 25
```

(以下略)

　ここでは、変数への代入と演算を行うサンプルプログラムを引用し、「以下のソースコードの変数a, b, cがどう変化していくかについて、ビジュアル化して理解しやすく解説してください」と質問しました。回答を見ると、**ステップごとに変数a, b, cの値がどうなっているか視覚的に表してくれています。**

　このようにChatGPTは与えられたプログラムを読み取り、それを解析・計算する能力があります。その特性を生かしてプログラムの実行過程を可視化しました。

　プログラムが期待通りの結果にならない場合、その問題点を探る作業を**デバッグ**と呼びます。ここで紹介したChatGPTの「可視化」は、**入門者のため**

のデバッグであるといえるでしょう。

生成AI時代の学習マインドセット

 1行1行を理解して原理を押さえる

　「プログラミングスキルが身に付いた」というのは、**自分が作成したコードの1行1行が何を行っているかを説明できる状態**です。私がプログラミングを教える際は、よくこの方法で理解度をチェックしています。プログラムを十分に理解していなくても、たまたま期待した結果が得られる、ということがよくあります。しかし各行の役割や機能をしっかり理解していないと、その他のシチュエーションに応用することはできません。

学び始めのうちはコードの各行の意味を理解するのは難しく、多くの時間がかかります。またスクールなどに通っていても、講師に1行ずつ説明してもらうのは時間がかかりすぎて気がひけるでしょう。しかし、ChatGPTを使えば、丁寧に1行ずつ解説してくれます。

　各行を理解するには、**その処理の裏側、つまり原理を理解する必要があります**。原理を理解するというマインドセットは、あらゆる技術の学習で重要です。ChatGPTを活用して各行の処理を理解していくと、原理を押さえるスキルとマインドセットを獲得することができます。作成したプログラムやサンプルコードなど、何を行っているかわかりにくいコードは積極的にその動きを可視化することをお勧めします。

コードを読んで理解を深める

プログラミング学習でよく強調されるのがコードの書き方ですが、実は**コードを読む**ことも同じくらい重要です。これは外国語学習でのリーディングのようなものです。たくさんの文章を読むことで、適切な言葉遣いや表現を学び、ライティング力やスピーキング力が向上します。

プログラミングもこの点で似ています。学習過程でさまざまなコードを読むと、**学んだ文法や概念が実際にどのように使われるか**が理解できます。次に何かをコーディングする際に、学んだことを生かせるようになります。

ChatGPTにサンプルコードを解説してもらう

コードを読む機会を作るには、例えばあなたが作りたいサービスのサンプルコードをインターネットで探して、それを読みながら制作を開始するのが良い方法です。また、会社で利用しているExcel VBAなどのプログラムを読んでみるのもよいでしょう。

ただ最初は、外国語学習でいうところの「文章中に知らない単語がたくさん出てきて意味が理解できない」状態で、その内容を理解するのが難しいでしょう。そこでChatGPTに対象のコードを解説してもらうことで、読むサポートをしてもらいましょう。

以下のコードについて、何をやっているか解説してください。

```python
# 与えられたリストから偶数を抽出する関数
def filter_even_numbers(numbers):
    even_numbers = []  # 偶数を格納するための空のリスト
    for number in numbers:
        if number % 2 == 0:  # 数値が偶数かどうかをチェック
            even_numbers.append(number)  # 偶数ならリストに追加
```

```
    return even_numbers

# テスト用のリスト
test_numbers = [1, 2, 3, 4, 5, 6, 7, 8, 9, 10]

# 関数を使用して偶数を抽出し、結果を出力
filtered = filter_even_numbers(test_numbers)
print("偶数のリスト:", filtered)
```

このPythonコードの主な目的は、あるリストに含まれる数値から偶数だけを見つけて、新しいリストに入れることです。以下に、コードの各部分が何をしているかを初心者にもわかりやすく説明します:

1. 関数の定義:

def filter_even_numbers(numbers): は、filter_even_numbers という名前の関数を作成しています。この関数は numbers という名前のリストを受け取ります。

2. 空のリストの作成:

even_numbers = [] は、新しい空のリスト even_numbers を作成しています。このリストは後で見つかった偶数を保存するために使います。

3. ループの使用:

for number in numbers: は、与えられたリスト numbers の各要素に対して1つずつ処理を行うためのループ(繰り返し)を作成しています。ここで number はリスト内の現在の数値を表します。

4. 偶数のチェック:

if number % 2 == 0: は、現在の数値 number が偶数かどうかをチェックしています。% は剰余演算子で、これを使って2で割った余りが0かどうかを調べています。0なら、その数は偶数です。

5．偶数の追加：

even_numbers.append(number) は、数値が偶数である場合に、その数値を even_numbers リストに追加しています。

6．関数の結果の返却：

return even_numbers は、関数が終了したときに even_numbers リストを返します。このリストには選ばれた偶数のみが含まれます。

7．関数の使用と結果の出力：

test_numbers = [1, 2, 3, 4, 5, 6, 7, 8, 9, 10] はテスト用の数値リストです。
filtered = filter_even_numbers(test_numbers) は、filter_even_numbers 関数を test_numbers リストに適用し、結果を filtered に保存しています。
print("偶数のリスト:", filtered) は、filtered リスト（偶数のみが含まれる）を出力します。

　このコードは引数のリストから、偶数だけを抽出して出力するという内容です。関数、ループ、条件文、リスト操作など複数の概念が組み合わさっていて、学び始めたばかりだと少し理解が難しいかもしれません。しかしChatGPTに解説してもらい、それを読み込めばかなり理解が進むでしょう。このように自身のChatGPTとともに多様なコードに触れることで、さらなるスキルアップを望むことができます。

Chap
3

ChatGPTを活用したプログラミング学習（基礎編）

より良いコードの書き方を知る

　自分が書いたコードについてフィードバックをもらうことは、スキルアップには非常に有効な方法です。スクールに通ったり経験者の方にメンターとして教えてもらったりすると、自分の書いたプログラムに対してもっと上手に書く方法をアドバイスしてもらえます。**よりシンプルな書き方や、特殊なケースにも対応できるコードの書き方**についてのアドバイスをもらうことで、現場に近い実践的なスキルを身に付けることができます。

ChatGPTにコードの改善点を聞く

　ChatGPTにも同じようなアドバイスを求めることができます。自分が作成したコードを提示して、より良い方法がないか提案してもらいましょう。

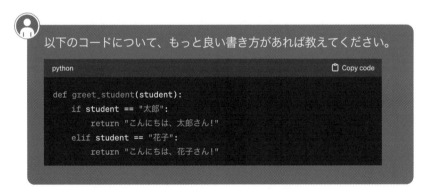

以下のコードについて、もっと良い書き方があれば教えてください。

```python
def greet_student(student):
    if student == "太郎":
        return "こんにちは、太郎さん!"
    elif student == "花子":
        return "こんにちは、花子さん!"
```

提案されたコードは特定の生徒名に対してのみ対応できる形となっています。しかし、もし将来的に新しい生徒が増える場合など、より柔軟に対応できるようにするとよいでしょう。

以下は改善案です：

```python
def greet_student(student):
    return f"こんにちは、{student}さん!"
```

この書き方を使用すると、どんな生徒名にも対応できます。例えば：

```python
print(greet_student("太郎"))   # "こんにちは、太郎さん!" と表示
print(greet_student("花子"))   # "こんにちは、花子さん!" と表示
print(greet_student("次郎"))   # "こんにちは、次郎さん!" と表示
```

この方法で、新しい生徒が増えた場合でも、追加の条件分岐を書く必要がなくなります。

　ここでは例として生徒名を渡すと挨拶を返してくれるプログラムをChatGPTに共有し、「もっと良い書き方があれば教えてください」と依頼しました。するとChatGPTは「提案されたコードは特定の生徒名に対してのみ対応できる形となっています。しかし、もし将来的に新しい生徒が増える場合など、より柔軟に対応できるようにするとよいでしょう」と改善点を見つけて、それを解消するコードまで作成してくれています。

　このように入出力の結果は変わらないものの、効率の良さや、機能追加のしやすさがある構造に改善する活動は「**リファクタリング**」と呼ばれ、システム開発の現場でも行われています。プログラミングには同じ答えを出す方法が複数あり、いくつかの観点でその良し悪しが分かれます。作成したコードを見直していく取り組みを積み重ねると、選択肢の中からより良い方法を選ぶリファクタリングのスキルを得ていくことができるでしょう。

Chapter **4**

ChatGPTを活用した
プログラミング学習（応用編）

Tips 11 写経で書く量を増やす

応用編では、ChatGPTを活用しながら定着を図るためのTipsを紹介します。基礎学習を終えてさらなるレベルアップを目指している方や、サービス作りや業務にプログラミングを活用したい方に役立ちます。また、途中で挫折しないように学習を継続するためのChatGPTの活用方法もお伝えします。

加えてこの応用編では、GPT-4（GPT-4 Turbo、GPT-4o）のみで使用できる便利な機能の紹介とともに、具体的な活用方法も紹介しています。有料ユーザー（ChatGPT Plus）の方はぜひ新しい機能を試してみてください。

写経のメリット

教材で一通り学習を終えても、実践的なスキルが身に付いているか不安を感じることはありませんか？ そんな方のためのChatGPT活用法を紹介します。

プログラミングを学習している方が理解を定着させるためには、コードを書く量を増やすことが近道です。コードを書く演習として代表的な学習方法の1つが「写経」です。もともと写経とは、仏教で経典を書き写す修行のことを指しますが、プログラミング学習においては、サンプルコードをそのまま書き写すことで、プログラミングスキルを身に付ける方法として使われています。

写経の問題を依頼する

しかし、実際に写経をやってみようとなったときに、適切な写経のサンプルコードを見つけるのはなかなか難しいものです。そこで、ChatGPTにお願いして写経の問題を出してもらいましょう。

私はプログラミングの初心者です。

「写経」によってプログラミングスキルを上げたいと思っています。

写経の問題を出してください。

学んでいる言語はPythonで、データ分析に関心があります。

了解しました。Pythonを使用したデータ分析に焦点を当てた簡単な写経の問題を提供します。

写経問題: Pythonによるデータ分析と可視化

1. まず、必要なライブラリをインストールします。ターミナルやコマンドプロンプトで以下のコマンドを実行してください。

```bash
pip install pandas matplotlib
```

2. 以下のコードをPythonのスクリプトとして写経してください。

```python
# 必要なライブラリをインポート
import pandas as pd
import matplotlib.pyplot as plt

# サンプルデータの作成
data = {
    '月': ['1月', '2月', '3月', '4月', '5月'],
    '売上': [200, 220, 210, 230, 240]
}
```

```python
# 売上の推移をグラフで表示
plt.plot(df['月'], df['売上'], marker='o')
plt.title('月ごとの売上推移')
plt.xlabel('月')
plt.ylabel('売上')
plt.grid(True)
plt.show()
```

このコードは、月ごとの売上データを持つDataFrameを作成し、売上の総和と平均を計算するものです。最後に、売上の推移を折れ線グラフで表示します。

(以下略)

　写経の問題の依頼に加えて「学んでいる言語はPythonで、データ分析に関心があります」と言語や関心のある領域を伝えることで、「月ごとの売上の総和と平均を計算する」という関心に近いプログラムが提示されました。このように作りたいサービスやプログラムを伝え、それに沿ったお題に取り組むことで、その構造の理解が進み、目標に大きく近づきます。

　ChatGPTにお願いすれば、このような**実践的な写経のお題がいくらでも出てきます**。写経したコードは、実行して結果を確認してみましょう。また併せて前章の10節で紹介した方法を行うことで、コードの1行1行をきちんと理解できるようになります。これにより、同じようなコードを自分の力で作成できるようになるでしょう。

Tips 12 コーディング問題「100本ノック」を行う

写経を通じて得た理解を定着させるには、「**コーディング問題**」に取り組むことをお勧めします。コーディング問題とは、特定のテーマにもとづいて設定された問題をコードを書いて解くことです。

英語学習で英語のみで話す機会を重視するように、プログラミングでも「**自分の力でコードを書く**」ことが最も実践的な学習方法です。私がこれまで多くの学習者を見てきた経験からいえることは、学習に苦戦している人の多くが、コードを書く機会が不足しているため、知識がしっかりと身に付いていない状態であるということです。したがって、さまざまなコーディング問題に取り組むことは多くの方にとって重要な強化ポイントであるといえます。このときもChatGPTを活用できます。

ChatGPTはまるで「100本ノック」のように、何問でも尽きることなくコーディング問題を作成してくれます。どのような問題が作成できるか試してみましょう。

私はプログラミング初心者です。
私の理解度を確認するために、Pythonのコーディング問題を作成してください。

もちろんです。初心者向けのPythonのコーディング問題をいくつか提案します。

問題1: 偶数のカウント
与えられた整数のリストの中で偶数の数をカウントして返す関数

count_evens を作成してください。

```python
python                                               Copy code

def count_evens(numbers: list) -> int:
    pass  # この部分を埋めてください

# テスト
print(count_evens([1, 2, 3, 4, 5, 6]))  # 3 と表示されるべき
```

問題2: リストの合計

与えられた整数のリストの合計を返す関数 sum_list を作成してください。

```python
python                                               Copy code

def count_evens(numbers: list) -> int:
    pass  # この部分を埋めてください

# テスト
print(count_evens([1, 2, 3, 4, 5, 6]))  # 3 と表示されるべき
```

(以下略)

　ここではPythonのコーディング問題の出題を依頼し、いくつかの問題を作成してもらいました。ChatGPTから出題されるコーディング問題は、文章のみの問題だけでなくコードとして出題される点が優れています。学習者はこれをコピーして使用しているエディタにペーストし、「pass ＃ この部分を埋めてください」とコメントが記載されている箇所にコードを書いていくだけで、コーディング問題に挑戦できます。

コーディングの答え合わせをする

　もちろん、答え合わせのためにChatGPTに出題された問題の回答例を提示してもらうことも可能です。

答え合わせがしたいので、「偶数のカウント」の回答を作成してください。

もちろんです。「問題1: 偶数のカウント」の回答を以下に示します。

```python
def count_evens(numbers: list) -> int:
    return sum(1 for number in numbers if number % 2 == 0)

# テスト
print(count_evens([1, 2, 3, 4, 5, 6]))  # 3 と表示されるべき
```

このコードは、リスト内の各数字に対して、その数字が偶数であるかどうかを確認し、偶数の数をカウントしています。ジェネレータ式を使用して偶数の数を効率的にカウントしています。

学習者が求めたらすぐに回答を提示してくれる点も、コーディングの練習において優れている点といえるでしょう。**多くの問題に取り組み、素早くトライアンドエラーを繰り返す**ことができます。

コーディング問題のレベルを調整する

出題される問題のレベルを調整したい場合は、以下のように質問してみましょう。

私の理解度を確認するために、Pythonのコーディング問題を作成してください。
Python 3 エンジニア認定基礎試験の出題レベルの問題を作成してください。

了解しました。Python 3 エンジニア認定基礎試験の出題レベルを考慮して、初級者向けの問題を提案します。

問題: 文字列とリストの操作
以下の文字列が与えられます。

```python
s = "Python,Java,C++,JavaScript"
```

1. この文字列を,（カンマ）で分割して、リストに変換してください。
2. 作成したリストから"Java"という文字列を探し、そのインデックスを返してください。
3. リストの最後に"Ruby"という文字列を追加してください。

期待する出力:

```python
languages = ["Python", "Java", "C++", "JavaScript"]
index_of_java = 1
updated_languages = ["Python", "Java", "C++", "JavaScript", "Ruby"]
```

　ここでは「Python 3 エンジニア認定基礎試験の出題レベルの問題を作成してください」と具体的な出題レベルを指定しました。出題レベルの指定をする場合は「初級」「中級」「上級」などの指定の仕方に加えて、特定の資格や基準を示すことで、希望するレベルの問題が得られる可能性が高まります。また、もしあなたが特定の資格の取得を目指している場合も、このような質問の仕方をすることで、より適した練習問題に取り組むことができるでしょう。

手を動かす量とスキルの上達度は比例する

その6

プログラミングスキルを上達させるためには、何よりも実践量が重要です。教科書などの教材には演習問題が載っていて、それを解くことでプログラミングの実践ができます。しかし、多くの教材は理論の説明に偏っており、実際にコードを書く機会が十分ではない可能性があります。

もし学習を進めているけれど自分のスキルに不満があるなら、もっとコードを書く量を増やすべきです。ChatGPTを使えば、簡単にこのような練習の機会を増やすことができます。

どんな技術の学習でも、手を動かすことが重要です。例えば生成AIという新技術も、ただ情報を見てるだけではなく、**試しに使ってみるなど自分で手を動かすことで活用方法やアイデアが得られます。**

ChatGPTを手を動かすためのサポーターとして活用することで、実践量を増やしてスキルアップしましょう。

Tips 13 コードの質を高める命名術を学ぶ

プログラミングで作ったものを実用化するには、ただ書けるだけではなく**コードの品質**についても考慮していく必要があります。コードの品質と聞くと、多くの人が最初に思い浮かべるのはバグの有無などの正確性ですが、品質の基準はそれだけではありません。「**使いやすさ**」も重要な品質の指標の1つです。

コードは一度書いて終わりではなく、システム上で実際に動作し、必要に応じて読み返され、改良されるなど、「ずっと使われる」ものです。

例えば、**読みやすいことや、改良しやすいことなど、開発者が操作しやすいかどうか**が、使う側の生産性に大きく関わってきます。そこで、ChatGPTを活用して品質の高いコードにする方法を紹介します。これらの方法を適切に活用できたら、プロのITエンジニアに自分のコードを見てもらったときに「上手に書けているね」といわれるようなスキルを獲得できるでしょう。

ChatGPTに変数と関数の適切な名前を聞く

プログラムやサービスを作っていくと、変数や関数に名前を付ける必要が出てきます。この命名について、品質が高いコードという観点で**良い名前と悪い名前がある**ことはご存知でしょうか。例えば変数名をすべてa, b,cなどとアルファベット1文字にしたり、書籍に出てきた関数名をそのまま使い回すのは悪い例です。

どんな名前がよいのかと悩んだら、ChatGPTにアドバイスをもらいましょう。

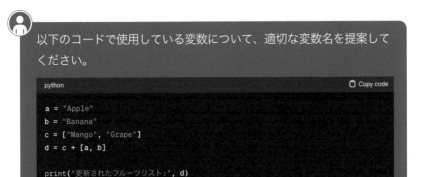

以下のコードで使用している変数について、適切な変数名を提案してください。

```python
a = "Apple"
b = "Banana"
c = ["Mango", "Grape"]
d = c + [a, b]

print("更新されたフルーツリスト:", d)
```

コードにおける変数名は、それが何を表しているのかを明確に示すべきです。適切な変数名は、コードの可読性と理解を大いに改善します。以下のように変数名を変更することを提案します：

a → first_fruit：最初のフルーツ ("Apple") を表すため
b → second_fruit：2番目のフルーツ ("Banana") を表すため
c → initial_fruits：最初に定義されたフルーツのリストを表すため
d → combined_fruits：initial_fruits と追加されたフルーツを組み合わせた新しいリストを表すため

修正後のコードは以下のようになります：

```python
first_fruit = "Apple"
second_fruit = "Banana"
initial_fruits = ["Mango", "Grape"]
combined_fruits = initial_fruits + [first_fruit, second_fruit]
print("更新されたフルーツリスト:", combined_fruits)
```

　ここでは、もともとa, b, c, dという変数名を使用したコードに対して、それぞれ変数名を提案してもらいました。ChatGPTがアドバイスする通り、

変数名でその変数が何を表しているのかを明確にすることで、コードの可読
性 (読みやすさ) が向上します。
　関数名についても、サンプルコードを使って提案してもらいましょう。

以下のコードで使用している変数について、適切な変数名を提案して
ください。

```python
def f(r):
    p = 3.14
    return p * r * r

x = f(10)
print("円の面積:" + str(x))
```

このコードは、与えられた半径から円の面積を計算する関数です。よ
り明確で理解しやすい命名を提案すると以下のようになります:

関数 f → calculate_circle_area : この関数が円の面積を計算するこ
とがすぐにわかるように。
引数 r → radius : 半径を表すため、より具体的な名前に。
変数 p → pi : 円周率を表すため、一般的に使われる記号に。
変数 x → area : 計算された面積を格納していることがわかる名前に。

修正後のコードは以下の通りです:

```python
def calculate_circle_area(radius):
    pi = 3.14
    return pi * radius * radius

area = calculate_circle_area(10)
print("円の面積: " + str(area))
```

ここでは円の面積を計算する関数を作成し、変数名を提案してもらいました。ChatGPTは渡されたコードが何をしているのかを解釈できるので、そのうえで適切な変数名の提案をしてくれます。

ChatGPTに教わる命名の仕方

　参考までにChatGPTに変数名・関数名の命名の仕方について質問すると、以下のような回答が返ってきました。

Pythonにおいて、良い変数名や関数名はどういう点に気をつけて命名したらよいか教えてください。

Pythonで良い変数名や関数名を付ける際には、いくつかの重要な点に注意する必要があります。良い命名はコードの可読性と保守性を大幅に向上させます。以下は、良い名前を付けるための主要なガイドラインです：

1．明確かつ具体的であること：
・名前は、変数や関数が何を表しているか、何をするかを明確に示すべきです。
・例えば、get_user_data() は関数がユーザーデータを取得することを示しています。

2．簡潔さと情報量のバランス：
・長すぎる名前は避けるべきですが、同時に名前は十分な情報を提供する必要があります。
・例: calculate_average は良い名前ですが、calc_avg は情報が不足しており、calculate_the_average_value_of_the_given_list は長すぎます。

3. 一貫性のある命名規則を使用:
・一貫性のある命名スタイルを選び、プロジェクト全体でそれを遵守します。
・Pythonでは、変数や関数には snake_case、クラス名には CamelCase を使用することが一般的です。

4. 避けるべき名前:
・Pythonの予約語や組み込み関数名 (list, str, dict など) と同じ名前は避けるべきです。
・一文字の名前 (a, b, x など) は、その用途が非常に局所的で明確な場合を除き、避けるべきです。

(以下略)

ChatGPTに適切な命名の具体例も教わりながら、命名時に意識すべきことを腹落ちさせていくことで、適切な命名を自身で行えるスキルを培っていけるでしょう。

生成AI時代の学習マインドセット

 その7 **「動けばOK」からさらに上を目指す**

ChatGPTが「良い命名はコードの可読性と保守性を大幅に向上させます」と回答している通り、「可読性が高い＝読みやすいコード」という考え方は、プログラミングを業務で活用していくうえで重要です。自分が書いたコードを他の人が読んだり、変更したりすることもあります。そのときにわかりやすい名前を使っていると読みやすく、他の人にも喜ばれます。また、1人で開発しているケースでも、過去に書いたコードの動作を忘れがちです。素早くコードの内容を

理解するためにも命名に気を配ることが大切です。

　このようなケアができていると、実践的なプログラミングができる人材として評価されることが多いです。例えば就職・転職活動で自身の実績をアピールするために、作成したプログラムを提出した場合、コードの品質が優れていると、より高い評価が得られるでしょう。ChatGPTを活用して、「動けばOK」からさらに上を目指しましょう。

Tips 14 良いコメントの
書き方を学ぶ

　可読性を上げ、コードを理解しやすくするもう1つの有効な方法が、**適切なコメントを記載していく**ことです。「良いコメント」を入れることで、各関数や実行条件が一目でわかるようになり、何をしているかが格段にわかりやすくなります。

　とはいえ、「良いコメント」がどういったものなのか、最初はよくわからないと思います。そこで、ChatGPTに聞いてみましょう。

プログラミングにおける一般的な「良いコメント」の条件はどのようなものでしょうか？

プログラミングにおいて「良いコメント」を書くことは、コードの可読性を高め、他の開発者（未来の自分を含む）がコードを理解しやすくするために重要です。良いコメントの条件には以下のような特徴があります。

1. 必要性
・コード自体では明らかでない情報を提供する。　コメントは、コードが何をしているのかではなく、なぜそのようにしているのかを説明すべきです。
・意図を明確にする。　特定の実装を選んだ理由や、そのコードが解決しようとしている問題を説明します。

2. 簡潔性

・短くて要点を得たコメント。 長すぎるコメントは読み飛ばされがちです。必要な情報を簡潔に伝えましょう。
・重複を避ける。 コードがすでに明確に表していることを繰り返さないでください。

3. 正確性

・現状に即していること。 コメントが古くなったり、コードの変更に伴って更新されなかったりすると、誤解を招く原因になります。
・実装と一致していること。 コメントが実際のコードの動作を正確に反映している必要があります。

(以下略)

　ここでは「良いコメント」とは何かを解説してもらいました。ChatGPTの回答の通り、コメントはたくさん記載すればよいものではありません。例えば、**「コード自体が明らかでない情報を提供する」**や**「短くて要点を得る」**など、コードを補完する役割として過不足のない情報が求められます。
　コメントの具体例を見てみると、より理解が深まるでしょう。

作成してもらった「良いコメント」の条件のアンチパターンをそれぞれ教えてください。

以下のサンプルコードは、「良いコメント」のアンチパターンに沿った例を示しています。各アンチパターンについて、その例となぜそれが推奨されないのかを説明します。

1. 必要性に反するアンチパターンの例

```python
# xをyに加える
x = x + y
```

なぜこれがアンチパターンか？ コメントがコード行が何をしているかを単に繰り返しているだけで、なぜその操作が行われているのか、その背景や目的については何も説明していません。

2. 簡潔性に反するアンチパターンの例

```python
# このコードブロックでは、xをyに加えています。この操作は重要で、
# xとyの合計を計算するために必要です。この種の操作は一般的に加算と呼ばれ、
# 数学ではよく見られる基本的な操作です。ここでは、プログラミングの
# 文脈でそれを行っています。
x = x + y
```

なぜこれがアンチパターンか？ コメントが非常に冗長であり、コードの理解に必要な情報を簡潔に伝えることができていません。加算の基本を説明することはこの文脈では不要です。

3. 正確性に反するアンチパターンの例

```python
# 初期化処理（実際には更新処理）
x = 10
```

なぜこれがアンチパターンか？ コメントが現在のコードの動作を正確に反映していません。コメントでは「初期化処理」と記載されていますが、実際のコードでは値の更新が行われています。これは読み手に誤解を招く可能性があります。

ここではあえて、コメントの「良くない例（**アンチパターン**）」を引き出す質問をしています。回答のアンチパターンによって作成されたコードを確認すると、コメントで意識すべき点をより深く理解することができるでしょう。

　プログラミングの学習全体においても、このような**アンチパターンを振り返ることは有効な学び方**です。多くの教材が正しいコードの書き方に焦点を当てていますが、間違いの例を見て何が間違っているかを理解することで、反対に正しいコードの書き方が身に付きます。

　最後に具体例として、ChatGPTにサンプルコードに対してコメントを入れてもらいましょう。

「1. 必要性」「2. 簡潔性」「3. 正確性」を意識して、以下コードにコメントを入れてください。

```python
def calculate_statistics(numbers):
    numbers.sort()
    n = len(numbers)
    mean = sum(numbers) / n
    median = (numbers[n // 2] + numbers[-(n + 1) // 2]) / 2
    mode = max(numbers, key=numbers.count)
    return mean, median, mode

data = [1, 3, 4, 2, 2, 7, 3, 4, 2, 2]
mean, median, mode = calculate_statistics(data)
print("平均値:", mean)
print("中央値:", median)
print("モード:", mode)
```

ChatGPTを活用したプログラミング学習（応用編）

コードに「必要性」「簡潔性」「正確性」を意識してコメントを入れると、
以下のようになります。

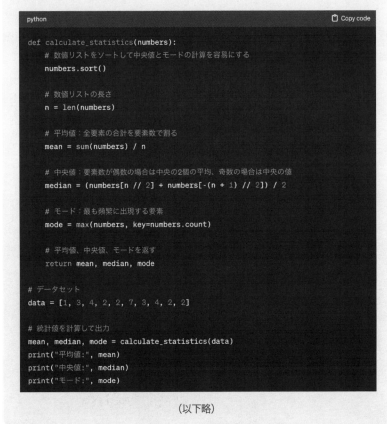

```python
def calculate_statistics(numbers):
    # 数値リストをソートして中央値とモードの計算を容易にする
    numbers.sort()

    # 数値リストの長さ
    n = len(numbers)

    # 平均値：全要素の合計を要素数で割る
    mean = sum(numbers) / n

    # 中央値：要素数が偶数の場合は中央の2個の平均、奇数の場合は中央の値
    median = (numbers[n // 2] + numbers[-(n + 1) // 2]) / 2

    # モード：最も頻繁に出現する要素
    mode = max(numbers, key=numbers.count)

    # 平均値、中央値、モードを返す
    return mean, median, mode

# データセット
data = [1, 3, 4, 2, 2, 7, 3, 4, 2, 2]

# 統計値を計算して出力
mean, median, mode = calculate_statistics(data)
print("平均値:", mean)
print("中央値:", median)
print("モード:", mode)
```

(以下略)

統計的な計算を伴う少し複雑なコードをChatGPTに渡して、コメントを
入れてもらう依頼をしました。ChatGPTが回答したコードを見ると、**一目
で何をやっているかわかるようなコメントが付与されています。**
このようにお手本やアンチパターンを見ながら自身で作成したコードにコ
メントを入れていくことで、自身でも適切なコメントを入れることができ、
可読性の高いコードを書けるようになるでしょう。

Tips 15 テストの基本を学ぶ

Chap 4

ChatGPTを活用したプログラミング学習（応用編）

　プログラミングで何かを作ると、想定通りの動きをするか**テスト**が必要になります。プログラミングの世界でいうテストとは、**作成したコードが正確に動作するか確認するための手段**です。しかし、とくに学び始めでは、どのようにテストを行い、何を確認すればよいのかわからないことも多いでしょう。ここでも、ChatGPTの力を借りることができます。

以下のコードのテストケースを作成してください。
また、どういうことに考慮をして作成したかを初心者にもわかりやすいように解説してください。

```
def add(a, b):
    return a + b

def subtract(a, b):
    return a - b
```

提供されたadd関数とsubtract関数のテストケースを作成する際、以下のような異なる種類の入力に対する関数の動作を確認することが重要です：

1. 正の数の加算と減算
2. 負の数の加算と減算
3. ゼロを含む加算と減算
4. 等しい数値での減算（結果がゼロになるか確認）

以下にテストケースの例を示し、それぞれのテストケースが何を確認
するかを説明します。

```python
import unittest

# 加算関数の定義
def add(a, b):
    """2つの数値を加算する"""
    return a + b

# 減算関数の定義
def subtract(a, b):
    """2つの数値を減算する"""
    return a - b

# 数学関数のテストケースを定義するクラス
class TestMathFunctions(unittest.TestCase):
    def test_add_positive_numbers(self):
        """正の数の加算が正しく行われるかテスト"""
        self.assertEqual(add(5, 3), 8)

    def test_add_negative_numbers(self):
        """負の数の加算が正しく行われるかテスト"""
        self.assertEqual(add(-4, -6), -10)

    def test_add_zero(self):
        """ゼロを含む加算が正しく行われるかテスト"""
        self.assertEqual(add(0, 5), 5)
        self.assertEqual(add(5, 0), 5)

    def test_subtract_positive_numbers(self):
        """正の数の減算が正しく行われるかテスト"""
        self.assertEqual(subtract(10, 5), 5)

    def test_subtract_negative_numbers(self):
        """負の数の減算が正しく行われるかテスト"""
        self.assertEqual(subtract(-4, -6), 2)

    def test_subtract_zero(self):
        """ゼロを含む減算が正しく行われるかテスト"""
        self.assertEqual(subtract(5, 0), 5)
        self.assertEqual(subtract(0, 5), -5)

    def test_subtract_equal_numbers(self):
        """同じ数値の減算がゼロになるかテスト"""
        self.assertEqual(subtract(5, 5), 0)

# テストランナーを実行
if __name__ == '__main__':
    unittest.main()
```

・**加算テスト (test_add_)** は、正の数、負の数、ゼロを含む場合の
加算をチェックします。

・**減算テスト(test_subtract_)**は、正の数、負の数、ゼロを含む場合、および等しい数値の減算をチェックします。
このように、異なる入力に対する関数の挙動を検証することで、関数が正確に動作することを確認できます。

　ここでは、足し算を行う**「add」関数**と引き算を行う**「subtract」関数**を紹介し、それらのテストケースを作成するようChatGPTに依頼しました。ChatGPTはこの依頼に応じて、「test_add_」と「test_subtract_」という名前でテスト用の関数を作成しています。加えて、「どのような点に考慮して作成したかを初心者にもわかりやすいように解説してください」と質問することで、ChatGPT4種類のテストケースを作成したことが示されています。このようにテストの観点を学びながらテストのサポートをしてもらうことで、品質を担保する適切なテストが行えるようになっていくでしょう。

 生成AI時代の学習マインドセット

その8 テストを身近なものに

　テストを行う理由は、作成したプログラムが間違った動きをした際に利用者や業務に悪影響を与える可能性があるためです。テストは不可欠なものですが、多くの開発者にとって時間のかかる、わずらわしいプロセスと捉えられがちです。
　しかし、ChatGPTに手伝ってもらえば、テストを効率的に行えます。**テストは手軽に行えるというマインドを持つ**ことでテストを行うハードルが下がり、結果的に実用的で高品質なプログラムを作れる人材にステップアップできるでしょう。

ChatGPTを活用したプログラミング学習(応用編)

Tips 16 学習記録を ChatGPTで付ける

学習において学ぶ内容と同じぐらい重要なのは、**継続すること・挫折を避けること**です。

成長している実感が持てなかったり、目標に近づいているかわからなかったりすると、モチベーションが下がり、学習から遠ざかるようになります。そうするとますます成長実感が得られなくなり……このような負のスパイラルに多くの学習者が悩まされています。しかし、ChatGPTを使うことでこの問題を解決できます。

挫折せず学習を継続する方法

学習を継続するために**学習記録**を付けてみましょう。学習記録を付けるメリットは2つあります。

1 学習習慣の形成

日々の学習記録は、学習を習慣付けるのに役立ちます。学習がまだ習慣化されていない場合、その日のスケジュールや気分に左右されてしまうこともあります。しかし、習慣化されれば、必要な学習時間を確保しやすくなり、着実な成長を遂げることができます。

2 成長の可視化

日々の学習内容や進捗を記録することで、自分の成長を視覚的に捉えることができます。自分がどれだけ学んできたのかを確認することで、モチベーションを維持し、学習への意欲を高めることができます。

ChatGPTに学習記録を依頼する

学習記録には、ノートや専用のアプリもありますが、ChatGPTの活用がお勧めです。ChatGPTを使うと、ただの記録だけでなく、会話形式でのアドバイスや励ましの言葉をもらうことができます。

学習情報を記録していく事前準備として、チャットの会話を保存する設定が必要です。Chapter 2で紹介した「チャット履歴無効化の方法」と同様に、「設定」→「データ制御」から「チャット履歴とトレーニング」のプルタブをオンにすると有効化できます。

準備ができたら、以下のようなプロンプトでChatGPTを使って学習記録をしてみましょう。

モチベーションを維持するために毎日学習記録を付けたいと思います。
私は「学習記録フォーマット」に沿って毎日送信するので、「タスク」の実施をお願いします。

#依頼タスク
・私が毎日送信する学習状況を記録してほしい
・私の送信に対して励ましのコメントを返してほしい
・私の送信内容を理解し、学習のアドバイスを回答してほしい
・これまでどれくらい学習したかを集計し、振り返りを依頼したら回答してほしい

#学習記録フォーマット
1. 今日の学習時間
2. 今日学習した内容
3. 明日に向けてひとこと

了解しました！あなたの学習をサポートするために、こちらのリクエストに基づいて対応いたします。

毎日の学習状況を送信していただければ、それをもとに励ましのコメントやアドバイスを提供します。そして、あなたの学習の進捗を記録して、いつでも集計情報を提供できるようにします。

それでは、最初の学習記録をお待ちしております。頑張ってくださいね！

ここでは「#依頼タスク」の中で、学習記録役としてChatGPTにお願いしたいことを提示しています。「#学習記録フォーマット」では学習記録を行っていくときのフォーマットを定義しています。また、振り返りを行いたいので「これまでどれくらい学習したかを集計し、振り返りを依頼したら回答してほしい」と記載しています。

これで学習記録を行う準備が整いました。

1日の学習が終わったら、ChatGPTに記録を依頼します。

2023/10/14
1. 今日の学習時間
3時間

2. 今日学習した内容
・繰り返し (for,while) のページ理解
・演習問題3問

3.明日に向けてひとこと
whileが少し難しいので復習する

2023/10/14の学習記録を受け取りました！

素晴らしい進捗ですね！forとwhileはプログラミングの基本的な構造なので、しっかり理解することが大切です。特にwhileは条件によってループを続けるため、その条件設定が難しいこともありますね。復習をしっかり行って、理解を深めてください。

明日も頑張ってください！

　指定したテンプレートに合わせて学習内容を送信すると、記録の完了とともに励ましの言葉や学習に対するアドバイスがもらえます。

ChatGPTに1週間の振り返りを依頼する

また、1週間の振り返りは以下のように行いましょう。

今週の振り返りを行います。
今週の私の学習時間や、何を学習したかを教えてください。
表形式で提示してください。

了解しました。今週の学習の振り返りを表形式で提示します。

日付	学習時間	学習内容
2023/10/14	2時間	繰り返し（for, while）のページ理解、演習問題3問
2023/10/15	30分	whileの復習
2023/10/16	1時間	関数の理解

この表をもとに、今週の学習時間の合計は3時間30分となり、主な

学習内容は繰り返しの概念（特にwhile）と関数の理解に焦点を当てていました。

継続的な学習の振り返りは、あなたの学習の進捗や方針の確認に役立ちます。来週も頑張ってください！

　これまでの学習記録を表形式でまとめてくれました。自身が継続してきた成果・成長が可視化されて、モチベーション維持に役立つでしょう。

　この学習記録やアドバイスのやりとりは、ダイエットや英語学習のコーチングと似ています。ChatGPTを使うと、まるで**コーチングを受けているかのような学習のサポート**を再現することができます。

生成AI時代の学習マインドセット

 その9　**継続のための仕組み作り**

　誰しも学習が想定通りにいかなくなると、つらくなって中断してしまうことがあります。このような状況に対処するためには、単なる短期的なモチベーション向上ではなく、長期的な継続を可能にする**習慣や仕組みを学習に取り入れる**ことが重要です。毎日歯を磨くように、特別な努力をせずとも自然に学習できることが理想です。

　毎日学習を記録することも習慣ですし、毎日同じ時間に学習したり、学習仲間と進捗を報告し合ったりなど、学習に成功している人はこの仕組み作りに成功しています。学習の継続で悩んだら、「継続する仕組みができているか？」「習慣化するにはどうしたらよいか？」と自身に問いかけて、あなたなりの改善ポイントを見つけてみてください。

Tips 17 学んだことを ChatGPTと記事にする

学んだ内容をSNSやブログで共有することは、他人からのフィードバックを受けられるなど、学習を持続させるモチベーションの維持・向上につながる効果的な手段です。学習を続ける限り投稿ネタにも困りません。しかし、記事を一から書くのは時間のかかる作業です。

ChatGPTを使えば記事をスピーディーに書くことができます。例えば、**ChatGPTに見出しや概要を作成してもらい、細部は自分で執筆する**という方法です。これにより記事の執筆時間を短縮しながら、自分の考えを反映させた内容を効率的に共有することが可能です。

> 自分がPythonで学んだことをまとめて、他の学習者のためになる記事を書いています。
> 今日はパッケージについて書きます。
> アウトラインを作成してください。

もちろんです。Pythonのパッケージについての記事のためのアウトラインを以下に示します。

タイトル: Pythonで学ぶパッケージ管理の基本

1. はじめに
Pythonにおけるパッケージの重要性
記事の目的：Python初心者がパッケージの基本を理解し、活用すること

Chap 4 ChatGPTを活用したプログラミング学習（応用編）

2. パッケージとは
パッケージの基本的な定義
パッケージとモジュールの違い
パッケージの役割：コードの再利用性と管理の簡素化

3. Pythonのパッケージの例と利用方法
標準ライブラリのパッケージ（例：math, os）
サードパーティパッケージ（例：requests, numpy）
pip を使ったパッケージのインストール方法
import ステートメントの使い方

(以下略)

　学んだことをアウトプットすることは、学習したことの定着に有効な方法の1つでもあります。伊藤敏雄氏が解説する「ラーニングピラミッド」[※]によると、**他人に教えることが、講義を聴いたり演習したりするのと比較して最も学習定着率の高い学習法**です。学んだことを自身の言葉で説明することは、本当に理解していないとできないものです。自身の学びをまとめて記事化することはモチベーションの維持・向上につながるだけでなく、結果的には知識の定着につながります。

図4-1 **勉強の仕方をランク付けした「ラーニングピラミッド」**

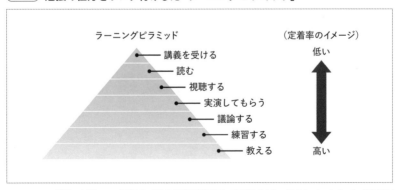

AllAbout「ラーニングピラミッドとは？学習定着率アップの鍵！」https://allabout.co.jp/gm/gc/449536/

※エドガー・デールの「経験の円錐」（1946）を起源とする概念です。
　なお、数値が併記されているラーニングピラミッドの図には、科学的な根拠がありません。

Tips 18 相談相手としての ChatGPT

ソフトバンクグループの創業者である孫正義さんはChatGPTを単に情報を検索するツールとしてではなく、**知恵を得るための相談相手として利用**していると、自ら紹介しています。プログラミングの学習においても、手軽にアクセスできる相談相手としてChatGPTを活用してみましょう。

> 独学でプログラミングの基礎的な文法の学習が終わりました。次に何をすべきかわかりません。いくつかアイデアを提示してください。

文法の基礎を学習し終わったのは素晴らしいステップです。次に進むためのいくつかのアイディアを以下に示します：

1．プロジェクトを始める： 何か自分の興味を引く小さなプロジェクトを始めてみましょう。例えば、簡単なウェブサイトやアプリ、ゲーム、ツールなどです。これにより、学習した文法を実際に応用することができます。

2．データ構造とアルゴリズムの学習： これはプログラミングの中核となる部分です。リスト、スタック、キュー、木、グラフなどの基本的なデータ構造と、それらに関連するアルゴリズムを学ぶことは非常に有益です。

（以下略）

Chap
4

ChatGPTを活用したプログラミング学習（応用編）

「プロジェクトを始める」をやりたいのですが、興味を引くものが今ありません。どうしたらよいですか？

興味を引くプロジェクトのアイディアを見つけるのは、時には難しいこともあります。以下のアプローチで、新しいアイディアやインスピレーションを得ることができるかもしれません。

1. 日常の課題を解決する： 日常生活の中で感じる小さな不便や課題をリストアップしてみて、それを解決するためのツールやアプリを考えることから始めることができます。

2. 既存のアプリやサービスの改善： お気に入りのアプリやウェブサイトで、もっと改善できると感じる部分があれば、それをベースに自分のバージョンを作成してみるのはどうでしょうか。

(以下略)

このやりとりのように、「次に何をすべきかわかりません」という相談に、ChatGPTは根気強くさまざまな提案をしてくれます。相談相手として十分に実用的な存在になってくれるでしょう。

ChatGPTの魅力は、その多様な使い方と柔軟性にあります。「こう使うべきだ」と活用方法を限定せずに、「もしいつでも相談できるプログラミングの専門家がいたら、何を相談するだろう？」と考えて気軽に相談してみることが、ChatGPTを最大限活用するためのコツです。ぜひあなたなりの有効な活用方法を見つけてください。

Tips 19 ソクラテス式家庭教師

ここではGPT-4（GPT-4 Turbo、GPT-4o）の新機能を活用した学習法を紹介します。GPT-4は基本性能の向上に加え、新たな機能が追加されており、これらを上手に使いこなせば、他の人に一歩差をつけることができます。

GPT-4をスクール講師のように活用する

GPT-4の紹介ページ※に**ソクラテス式家庭教師（Socratic tutor）**という活用法が紹介されています。これは、答えを教えるのではなくChatGPTからの適切な質問によって利用者に考えさせ、答えに導くというものです。ソクラテス式家庭教師を呼び出してプログラミングを学びましょう。

> あなたはいつもソクラテス式に答える家庭教師です。生徒に答えを与えることは決してありませんが、常に適切な質問をして、生徒が自分で考えることを学べるように努めます。
> これからプログラミング学習における質問をするので、ソクラテス式で対応をお願いします。

> もちろんです。プログラミングに関するあなたの質問にソクラテス式で答えることを心がけます。どうぞ、ご質問をお願いします。

> 以下のエラーが出ています。解決方法を教えてください。
> IndexError: list index out of range

※OpenAIのWebページ　https://openai.com/research/gpt-4

Chap **4**

ChatGPTを活用したプログラミング学習（応用編）

「IndexError: list index out of range」というエラーメッセージは、あなたがアクセスしようとしているリストのインデックスが、リストのサイズを超えていることを示しています。この問題を解決するためには、いくつかの質問を考えてみましょう。

1. リストの長さを確認する: あなたが操作しているリストの長さはどれくらいですか？ len(リスト)を使って、リストのサイズを確認してみましょう。

2. インデックスの値を確認する: エラーが発生する箇所で使用しているインデックスの値は何ですか？ そのインデックスがリストのサイズ内に収まっているかを確認してみましょう。

(以下略)

len(リスト)を使って確認したところ、リストの長さは3でした。

リストの長さが3であることがわかったのであれば、リストの有効なインデックスは0、1、2のみとなります。Pythonのリストは0からインデックスが始まるため、3つの要素があるリストの最後の要素はインデックス2になります。

ここで考えるべき質問は次のとおりです：

1. 使用しているインデックスの値: エラーが発生している部分で、どのインデックスにアクセスしようとしていますか？ そのインデックスは0、1、または2のいずれかですか？

(以下略)

アクセスしようとしたインデックスは3でした。

インデックス3にアクセスしようとしたとのことですが、リストの長さが3である場合、有効なインデックスは0、1、2のみとなります。インデックス3はリストの範囲外であるため、「IndexError: list index out of range」というエラーが発生しています。
この問題を解決するためには、以下のように考えてみましょう：

1.インデックスの修正: アクセスしようとしているインデックスを0、1、または2に修正する必要があります。どの要素にアクセスしたいのかを考え、適切なインデックスに修正してください。

(以下略)

　エラーの解決方法について質問しましたが、回答の仕方をChapter 03の05節と比べると、ChatGPTがこちらに質問を投げかけることにより、答えを導くというスタイルに変化していることがわかると思います。
　このような教え方は、実際のスクールなどの教え方に似ています。むやみに答えは教えずに、答えを導き出す手助けして、自分で答えを見つけることで知識の定着を図っていくというやり方です。これもGPT-4の性能が向上したから実現できる振る舞いです。スクールの講師さながらの指導を受けたい方は、この方法を使ってみるとよいでしょう。

Tips 20 GPT-4Vを利用する

GPT-4Vとは、「GPT-4 with vision」の略で、テキストに加えて画像を入力してChatGPTと対話することができる機能です。さらには音声入出力機能もあり、**マルチモーダルAI**（複数の種類のデータを一度に処理できるAI）と呼ばれています。「**ChatGPTが目と耳を持った**」と言い換えてもよいかもしれません。

GPT-4Vで画像からコードを作成する

画像の入力はチャット画面のテキスト入力欄の左にある「添付」ボタンをクリックして行うことができます。

(図4-2) **画像の入力のための「添付」ボタン**

プログラミングの活用例としては、例えば図の説明があります。学習しているテキストに挿入されていて、理解が難しい図を写真で撮って、その画像をChatGPTに渡すと解説してくれます。

また、画像からコードを生成することも可能です。試してみましょう。ここでは例として、「Pygame」というゲーム開発に特化したPythonライブラリを使って、ゲームアプリのコード生成を依頼します。

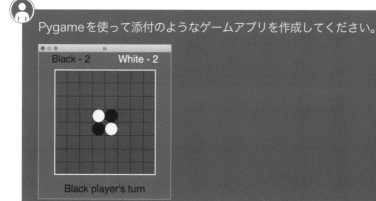

Pygameを使って添付のようなゲームアプリを作成してください。

アップロードされた画像は、リバーシゲームの初期状態を表している
ようです。リバーシは、黒と白の石を交互に置いていくボードゲーム
で、相手の石を挟むことで自分の色に変えていくことが目的です。

実際にPygameでこれらの機能を実装するためには、複数のPython
ファイルにわたる数百行のコードが必要になるでしょう。このプラッ
トフォームでは完全なゲームのコードを一度に提供することはできま
せんが、以下にゲームの骨組みとなるコードを示し、後はご自身で追
加していただく形となります。

```python
import pygame
import sys

# ゲームの初期設定
pygame.init()
size = width, height = 320, 320
black = 0, 0, 0
white = 255, 255, 255

# ウィンドウのセットアップ
screen = pygame.display.set_mode(size)

# ゲームボードの描画
```

(以下略)

画像から、対象のゲームがリバーシであることを解釈し、同様のゲームアプリを作成するコードを生成しています。生成されたコードを実行すると、リバーシの盤面が表示されました。

図4-3 ChatGPTが示したサンプルコードの実行結果

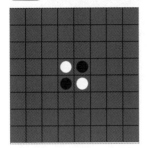

　ChatGPTの回答の通り、石を置く機能は備わっておらず完璧ではないものの、作りたいもののたたき台となるコードを得るのに役立つでしょう。

DALL-E3を利用する

DALL-E3はOpenAIが開発した画像生成AI「DALLシリーズ」の最新版です。DALL-E3は有料ユーザーであればChatGPTから利用することができます。ChatGPTのチャットページでテキストの指示をすることで、簡単に画像が生成できます。

DALL-E3で画像を生成する

ビジネスパーソン用のプログラミング学習の本の表紙画像を生成してください。

Here is the cover for a programming book designed for business professionals.

プログラミング学習時の利用シーンとしては、演習で作成するサービスで使う画像の生成などが挙げられます。例えばECサイトを作成する場合、多くの商品画像が必要です。他にもサービスのアイコンを作るのもよいでしょう。

　サービスやWebサイトを作成する素材として、著作権フリーのものを探すよりも生成したほうが早い場合があります。ただし、ChatGPTが生成する画像には著作権侵害のリスクがありますので、既存のコンテンツと類似、酷似していないかなど注意してください。

Tips 22 Code Interpreterを利用する

Code Interpreterは、PythonのプログラムをChatGPT上で実行できる機能です。計算や何らかの処理が必要な質問に対しては、ChatGPTがコードを作成し、その実行結果を提供してくれます。

例えば、図4-4のように日付の計算を伴う質問をしてみましょう。

(図4-4) ChatGPTのCode Interpreter機能の利用例

この例では、質問を受けて日付の計算が必要だとChatGPTが判断し、自動的にCode Interpreterの機能が使われています。回答の右にある「分析を見る」をクリックすると、Pythonコードとその実行結果が表示されます。

(図4-5) 「分析を見る」をクリックすると表示されるコード

```python
from datetime import datetime

# Date for Christmas in 2050
date_string = "2050-12-25"

# Convert string to datetime object
christmas_2050 = datetime.strptime(date_string, "%Y-%m-%d")

# Get the day of the week
day_of_week = christmas_2050.strftime("%A")

day_of_week
```

Result
'Sunday'

Code Interpreterでアルゴリズムを学習する

プログラミングでは、例えばアルゴリズムの学習に役立ちます。

ソート対象となる30個の数値のテストデータを作成してください。

30個のランダムな数値を含むテストデータを作成しました。こちら
がその数値のリストです：
[51, 44, 86, 4, 6, 92, 59, 43, 7, 8, 20, 69, 55, 60, 24, 88, 64,
74, 83, 30, 44, 26, 73, 83, 24, 7, 70, 57, 84, 20]

このようにランダムな数値のテストデータを作成することができますし、
そのデータを用いたアルゴリズムのコードを生成・実行することができます。

このテストデータをソートするコードを作成してください。

指定されたデータをバブルソートを使用してソートしました。こちら
がソート後のリストです：
[4, 6, 7, 7, 8, 20, 20, 24, 24, 26, 30, 43, 44, 44, 51, 55, 57,
59, 60, 64, 69, 70, 73, 74, 83, 83, 84, 86, 88]

このリストは昇順にソートされています。バブルソートは比較的単純
なソートアルゴリズムであり、隣接する要素を比較し、必要に応じて
交換することでリストをソートします。

自身が作成しているPythonコードの簡単な実行環境にもなりますし、
データ分析にも強いCode Interpreterを活用してみましょう。

Tips 23 Web検索機能を利用する

Web検索機能とは、インターネット検索を行ったうえで回答を作成する機能です。Web検索機能により、最新情報が回答に反映されないというChatGPTの弱点を補うことができます。Web検索の検索エンジンには、Microsoftの「Bing」が使用されています。

図4-6 ChatGPTの検索機能の利用例

> 👤 **あなた**
> 2023年12月のChatGPTに関するニュースを調べてください。
>
> 🤖 **ChatGPT**
> クイック検索から、これが見つけたものです。
>
> 2023年12月のChatGPTに関連するいくつかの重要なニュースを紹介します：
>
> 1. **AIナレッジベース「Yoomナレッジ」の活用**：ChatGPTを活用したAIナレッジベース「Yoomナレッジ」が注目されています。このシステムは、特定のデータソースからの情報ハイライト機能を提供していま [11]。 ← 情報源のリンクを参照できる
>
> 2. **企業におけるChatGPTの過剰依存に関する懸念**：一部の企業ではChatGPTに過度に依存し、結果として無能な若手社員が量産されているという懸念が表明されています [11]。
>
> 3. **シャノンのマーケティングコンテンツ作成支援サービス**：シャノンは、ChatGPTと連携したマーケティングコンテンツ作成支援サービスを発表し、注目を集めています [11]。

ChatGPTの回答には、検索結果の情報源となったページのリンクが付与されます。より詳しい情報を調べたければ、そこから情報源のページを参照することで、詳細な情報を得ることができるでしょう。

プログラミング学習における活用方法は、製品の最新情報の取得などが挙げられます。また、読み解きたい技術記事のURLとともに「要約してください」と依頼すると、ChatGPTが該当ページにアクセスして記事を要約してくれます。

Tips 24 サンプルデータを作成する

ここからはサービスの制作時に役立つようなTipsを紹介します。プログラミングを使って何かを作ったり、業務で活用したりする際に参考にしてください。

大量のデータを収集する

テストなどで必要なサンプルデータを作成する際、ChatGPTはとても役立ちます。データが大量であればあるほど、そのデータ作成に手間がかかるものですが、ChatGPTを使う**とランダムな収集データ（データセット）を簡単に作成できます**。

47都道府県のある1日の天気予報データを作成したいです。天気、気温、風速(m)を項目にもったサンプルデータをCSV形式で作成してください。

以下に、47都道府県の1日の天気予報のサンプルデータをCSV形式で提供します。天気、気温（摂氏）、風速（m/s）の項目が含まれています。

都道府県,天気,気温（℃）,風速（m/s）
北海道,晴れ,5.0,2.0
青森県,曇り,8.5,1.5
岩手県,雨,10.2,2.8

宮城県,晴れ,13.0,2.2

(以下略)

　ここでは、都道府県、天気、気温、風速のデータを作成するよう依頼しました。データの条件を具体的に指定することで、例えば「気温は10℃から20℃の間」「天気は晴れ、曇り、雨、雪の4つから選ぶ」など、必要なデータを作成することができます。

　また、GPT-4を使用した場合は、Code Interpreterが使用されます。Pythonのプログラムが生成・実行されることにより、

● 大量データの作成
● CSV、JSON、Excel形式など指定したフォーマットでの作成

が可能です。そして、作成したデータセットをダウンロードできます。より本格的なサンプルデータの作成には、GPT-4の利用がお勧めです。

ChatGPTを活用したプログラミング学習（応用編）

15 Tips 25 データの編集作業を
してもらう

データの作成に留まらず、すでに作成した**サンプルデータの編集**も
ChatGPTに依頼することが可能です。手動で行うと手間がかかるようなデー
タの編集をChatGPTに頼むことで、時間を短縮できます。

> 以下の氏名のサンプルデータを「性」と「名」に分けてください。
> 結果は表形式にしてください。
>
> 佐藤明美
> 堤裕太
> 高橋絵里
> 田中智也
> 西村蓮
> 轟良子
> 五郎丸武志
> 中村花子
> 星野遼太郎
> 加藤優子

以下は、提供された氏名のサンプルデータを「姓」と「名」に分けて表
形式にしたものです。

氏名	性	名
佐藤明美	佐藤	明美
堤裕太	堤	裕太

高橋絵里	高橋	絵里
田中智也	田中	智也
西村蓮	西村	蓮
轟良子	**轟**	良子
五郎丸武志	五郎丸	武志
中村花子	中村	花子
星野遼太郎	星野	遼太郎
加藤優子	加藤	優子

例として、氏名のサンプルデータを姓と名に分けてもらう作業を行いました。どの部分が姓で、どの部分が名かを判断して分割しています。

また、表データの横軸と縦軸を交換するようなデータ変換も行えます。

以下の表データを、縦軸が店、横軸が年に変換してください。

	A店	B店
2021	23426	34234
2022	57476	81241
2023	65434	53223

以下は、提供された表データを縦軸が店、横軸が年に変換したものです。

	2021	2022	2023
A店	23426	57476	65434
B店	34234	81241	53223

従来、データ作成や編集は手間がかかる作業でしたが、ChatGPTを利用すれば、要件に合わせたデータを迅速に作成することができます。

Tips 26 簡単なスクリプトを 作ってもらう

プログラミングの活用に慣れてくると、日常業務の小さなタスクもプログラムで簡単に済ませてしまおう、と思うようになってきます。**特定の目的に特化した簡易プログラム（スクリプト）**をChatGPTに作成してもらうことで、日々のタスク処理が効率化され、プログラミングの利用範囲が広がります。

ここでは例として、フォルダにあるファイル名を一括で変更するためのスクリプトの作成を依頼します。

Pythonでファイル名を一括で変更するスクリプトを作成してください。

以下にそのサンプルコードを示します。このスクリプトでは、osモジュールを使用してファイルのリストを取得し、それぞれのファイル名の先頭に「old_」を追加します。

```python
import os

def prepend_prefix_to_filenames(directory, prefix):
    """
    指定されたディレクトリ内の全ファイル名に指定されたプレフィックスを追加する。
    Args:
    directory (str): ファイルが存在するディレクトリのパス。
    prefix (str): 追加するプレフィックス。
    """
    for filename in os.listdir(directory):
        old_file = os.path.join(directory, filename)
        new_file = os.path.join(directory, prefix + filename)
        # ファイルのみを対象とする
```

```
        if os.path.isfile(old_file):
            os.rename(old_file, new_file)
            print(f"Renamed '{old_file}' to '{new_file}'")

# スクリプトの使用例
directory_path = '/path/to/your/directory' # ここに対象のディレクトリパスを設定
prefix = 'old_'
prepend_prefix_to_filenames(directory_path, prefix)
```

(以下略)

ChatGPTを活用したプログラミング学習（応用編）

　指示した通り、ファイル名の先頭に「old_」をつけるスクリプトのサンプルコードを作成してくれました。これを自身の環境に合わせてアレンジして実行することで、目的を達成できます。

　このようにChatGPTのサポートを得ながら、プログラミング活用の幅をどんどん広げていくと、周囲の人が驚くほど高い成果を発揮することができるでしょう。

生成AI時代の学習マインドセット

 その10 **「怠惰」がスキル向上の秘訣**

　プログラマーが持つべきマインドセットを表したものとして、Perlというプログラミング言語の開発者ラリー・ウォール氏が唱えた「プログラマーの三大美徳」というものがあります。

1. 怠惰 (Laziness) ……面倒・繰り返しの作業は自分でやらず、怠惰になれるようにプログラムで自動化すること
2. 短気 (Impatience) ……作ったプログラムが使われずにイライラしないように、起こりうる問題を想定してプログラムを作成すること
3. 傲慢 (Hubris) ……他者に文句を言わせないような質の高い成

果物を作ること

　一見ネガティブな意味に思えるこの言葉は、プログラマーがどのように行動すべきかを明確に表しています。このようなマインドセットを持つプログラマーが成果を出し、会社や市場で重宝されるといわれています。

　日常業務の小さなタスクをプログラムで行おうとする姿勢は、この中の「怠惰」に通ずるものです。**手作業で可能な作業であっても、それを止めてプログラムを書いてラクをすることが、プログラミングの使用範囲を広げ、スキルアップにつながります。**日々の業務で、面倒だけど手作業で行っていることがあれば、それはチャンスです。怠惰な姿勢を持ち、プログラミングで改善できる作業として捉えてみましょう。

Tips 27 他の言語に変換する

仕事では、自分が普段使っていないプログラミング言語を使用しなければならない場面もあるでしょう。新しい言語を学ぶには、すでに習得している言語のコードを新しい言語に「翻訳」することで、理解を促進できます。

以下のPythonコードをJavaScriptに変換してください。

```python
from datetime import datetime

# 現在の日付と時刻を取得
now = datetime.now()

# 日付を文字列にフォーマット
formatted_date = now.strftime("%Y年%m月%d日 %H時%M分%S秒")

print(f"フォーマットされた日付: {formatted_date}")
```

指定されたPythonコードをJavaScriptに変換すると、以下のようになります。JavaScriptでは、Dateオブジェクトを使用して現在の日付と時刻を取得し、それを指定のフォーマットで出力するには少し工夫が必要です。JavaScriptには組み込みの日付フォーマット関数がないため、フォーマットを手動で作成する必要があります。

Chap
4

ChatGPTを活用したプログラミング学習（応用編）

```javascript
javascript                                          📋 Copy code

// 現在の日付と時刻を取得
const now = new Date();

// 日付を文字列にフォーマットするヘルパー関数
function formatDate(date) {
    const year = date.getFullYear();
    const month = date.getMonth() + 1; // JavaScriptの月は0から始まる
    const day = date.getDate();
    const hour = date.getHours();
    const minute = date.getMinutes();
    const second = date.getSeconds();

    // ゼロパディングを追加する小さな関数
    const pad = (num) => num.toString().padStart(2, '0');

    return `${year}年${pad(month)}月${pad(day)}日 ${pad(hour)}時${pad(minut
}

// フォーマットされた日付を出力
const formattedDate = formatDate(now);
console.log(`フォーマットされた日付: ${formattedDate}`);
```

ここでは、Pythonの日付を処理するコードをJavaScriptに変換してみました。同じ処理でも言語によって書き方が違うことが理解できます。さらに学びを深めるために、それぞれの違いについて解説してもらうこともできます。

2つのコードで、違いが大きい部分について解説してください。

PythonとJavaScriptで日付を扱う際のコードにはいくつか顕著な違いがあります。これらの違いを理解することは、両言語間でのプログラミングやデータ処理を行う際に役立ちます。

1. 日付と時刻の取得方法
・Pythonでは、datetimeモジュールのdatetime.now()を使用して現在の日付と時刻を取得します。このモジュールは非常に強力で、日付と時刻の操作に関する多くの機能を提供します。
・JavaScriptでは、new Date()を使用して現在の日付と時刻のDateオブジェクトを生成します。このオブジェクトはブラウザとNode.jsの両方で利用可能ですが、Pythonのdatetimeほど直感的な日付操作メソッドは提供されません。

2. 日付のフォーマット
・Pythonでは、strftimeメソッドを使用して日付を任意の形式にフォーマットできます。これにより、非常に柔軟に日付と時刻の表示形式を指定することができます。
・JavaScriptには組み込みのフォーマット関数がないため、日付を特定の形式にフォーマットするには関数を自作するか、外部ライブラリを使用する必要があります。例としては、自作の関数で数値をゼロ埋めするなどして、望むフォーマットを生成しています。

(以下略)

このように習得した言語を軸に新しい言語との差分を理解しながら学んでいくことで、早く習得できます。ChatGPTは言語間のコード変換を素早く実行してくれるので、学習に大いに役立つでしょう。

Tips 28 必要な技術やツールの選定をサポートしてもらう

　プログラミングで何かを実現しようとするとき、すべてを自分で一から作る必要はありません。多くの場合、**既存の技術やツールを組み合わせる**ことで、簡単かつ効率的に目的を達成できます。

　例えばPythonでは、「モジュール」「ライブラリ」「パッケージ」と呼ばれる、便利なプログラムの集まりが利用できます。**モジュール**は他のPythonプログラムで再利用可能な便利な機能を提供するプログラムのことを指します。**パッケージ**は複数のモジュールを1つにまとめたもので、**ライブラリ**はさらに大規模なプログラムの集合です。これらは料理のレシピのようなもので、メール処理、ファイル操作、ネットワーク通信など、よく使われる処理は先人たちが作成したプログラムが存在し、利用できるようになっています。

　ChatGPTに実現したい内容を伝えて、これらの適切な技術やツールを教えてもらいましょう。

Pythonでメール送る処理を実現するために使うべきライブラリを教えてください。

Pythonでメールを送信する処理を実装するためには、以下のライブラリが一般的に使用されます：

1．smtplib:
Pythonの標準ライブラリの一部で、SMTP（Simple Mail Transfer Protocol）を使ってメールを送信するために使用されます。
このライブラリを使って、GmailやYahoo! MailなどのSMTPサー

バーを介してメールを送ることができます。

2. email:

これもPythonの標準ライブラリで、メールメッセージの作成を支援します。
メールのヘッダー、本文、マルチパートメッセージ(テキストとHTMLの両方、または添付ファイルを含むメール)の構築などに使用されます。

3. yagmail:

Gmailを使ってメールを送信するためのシンプルなインターフェースを提供するサードパーティ製のライブラリです。セットアップが簡単で、ユーザー名とパスワード(またはOAuth2認証)を設定するだけでGmailアカウントからメールを送信することができます。添付ファイルやHTMLコンテンツの送信もサポートしています。

4. sendgrid:

SendGridのWeb APIを利用してメールを送信するためのサードパーティ製のライブラリです。大量のメール送信が必要なアプリケーションや、送信状況の追跡など高度な機能が必要な場合に適しています。

以下は、Pythonでメールを送信する基本的なコード例です(Gmailを使用する例):

```python
import smtplib
from email.mime.text import MIMEText
from email.mime.multipart import MIMEMultipart

# メール設定
sender_email = "your_email@gmail.com"
receiver_email = "recipient_email@example.com"
password = "your_password"
```

```
subject = "メールの件名"
message = "メールの本文"

# MIMETextオブジェクトを作成
msg = MIMEMultipart()
msg['From'] = sender_email
msg['To'] = receiver_email
msg['Subject'] = subject
msg.attach(MIMEText(message, 'plain'))

# SMTPサーバーに接続
server = smtplib.SMTP('smtp.gmail.com', 587)
server.starttls()
server.login(sender_email, password)

# メール送信
server.sendmail(sender_email, receiver_email, msg.as_string())
server.quit()
```

　ここでは、Pythonでメール送信機能を実装する際に利用すべきライブラリを尋ねています。ChatGPTは対象のライブラリを挙げるだけでなく、その使用方法やサンプルコードも提供してくれます。

　新しいサービスのアイデアを思いついたとき、最初にぶつかる壁は「これを技術的にどう実現するか」という問題です。意外と多くの人は自分の知識だけで解決策を考え、適切な方法が見つからずに諦めがちです。

　しかしChatGPTに聞くと、技術的な解決の糸口が見つかることがしばしばあります。具体的なアプローチが見えてくると、そのアイデアを実現したいというモチベーションはより高まるでしょう。

Tips 29 ドキュメントを作成してもらう

システム開発では、作成したプログラムの**ドキュメント（説明書）**を用意することが一般的です。これにより、他の開発者がそのプログラムを理解しやすくなったり、引き継ぎ作業がスムーズになったりします。このドキュメント作成をChatGPTにサポートしてもらいましょう。

以下のPythonコードの使い方のドキュメントを作成してください。

```python
def is_prime(number):
    if number <= 1:
        return False
    for i in range(2, number):
        if number % i == 0:
            return False
    return True

def main():
    try:
        number = int(input("数値を入力してください: "))
        if is_prime(number):
            print(f"{number} は素数です。")
        else:
            print(f"{number} は素数ではありません。")
    except ValueError:
        print("無効な入力です。数値を入力してください。")

if __name__ == "__main__":
    main()
```

以下は、提供されたPythonコードの使い方に関するドキュメントです。

Chap

4

ChatGPTを活用したプログラミング学習（応用編）

is_prime関数

この関数は、与えられた数値が素数かどうかを判定するために使用されます。

引数

number (int): 素数かどうかを判定したい整数値。

返り値

素数の場合はTrueを返します。
素数でない場合はFalseを返します。

使用例

```
result = is_prime(17)
print(result)  # True

result = is_prime(4)
print(result)  # False
```

main関数

この関数は、ユーザーから数値の入力を受け取り、それが素数かどうかを判定し、結果を表示します。

(以下略)

ここではPythonのプログラムを提示し、使い方のドキュメント作成を依頼しました。ChatGPTはプログラムを解釈し、関数の概要や引数、返り値、処理の流れなどをテキスト化しています。

ドキュメントに記載したい要件まで詳しく指定するほど、作りたいモノに合ったテキストが生成されます。これをたたき台として、最終的なドキュメントを効率よく完成させることが可能です。

Tips 30 フローチャートを描いてもらう（Mermaid）

ChatGPTは、文字によるドキュメント作成だけでなく、「**フローチャート**」の作成も行えます。フローチャートとは、**図形や矢印を用いて、業務の流れやプログラムの処理をわかりやすく示す図**のことです。

図4-7 ChatGPTが作成したフローチャートの例

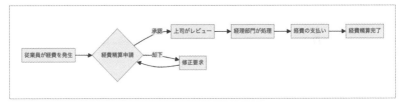

このような図を使うことで、プロセスやプログラムの理解が格段に早まります。ChatGPTでは、テキスト情報から図を生成する「**Mermaid**」という記法でフローチャートを作成できます。

> 以下のコードのフローチャートをMermaid記法で作成してください。
> 日本語で表示されるようにしてください。
>
> ```python
> while True:
>     number = int(input("数値を入力してください（0で終了）: "))
>
>     if number == 0:
>         print("プログラムを終了します。")
>         break
>     elif number % 2 == 0:
>         print(f"{number} は偶数です。")
>     else:
>         print(f"{number} は奇数です。")
> ```

以下は、指定された Python コードに基づいて Mermaid 記法で作成されたフローチャートです。日本語で表示されます。

```plaintext
flowchart TD
A[開始] --> B{数値を入力（0で終了）}
B --> |'0'| C[プログラム終了]
B --> |'0以外'| D{偶数か判定}
D --> |'偶数'| E[偶数であると出力]
D --> |'奇数'| F[奇数であると出力]
E --> B
F --> B
C --> Z[終了]
```

　コードを提示したうえで、Mermeid でフローチャートが作成されるテキスト（Mermeid 記法）の作成を依頼し、生成してもらいました。
　Mermaid のオンラインエディタ[※]にアクセスし、生成されたテキストを画面左の Code タブ内に貼り付けると、フローチャートを表示することができます。

※Mermaid の Web サイト https://mermaid.live/edit

図4-8 Mermeidのオンラインエディタ画面

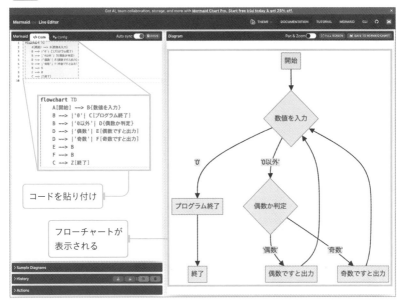

　システム開発では、図示されたドキュメントが非常に役立ちます。
Mermaidのようなツールと ChatGPTの組み合わせは非常に効果的なので、
ぜひ活用してみてください。

ChatGPTを活用したプログラミング学習（応用編）

Chap
4

Chapter 5

実践ガイド：

Webサービスの作成

01 ChatGPTを活用して「わかる」から「できる」を目指す

　前章までのTipsでプログラミングの基礎を学ぶためのChatGPT活用法を学びました。本章からは、いよいよ学習の本来の目的である自分のアイデアを形にする段階です。

　プログラミングを習得するには、まず書き方のルールや方法などの基本を理解し、そのうえで実際に作りたいモノを形にできる実践的なスキルを身に付ける必要があります。言い換えると、**基本を理解しているのは「わかる」状態であり、実際に何かを作れるようになるのが「できる」状態です。**です。そして、学習のゴールは「できる」状態に到達することです。

　しかし、基礎をある程度学習した後に実践にチャレンジしようとすると、多くの人はつまずきます。これは、学んだことが実践で使えるほどには定着していない場合や、そもそも学んでいないことが実践では求められたりするためです。

　つまりプログラミング学習において、**「わかる」と「できる」の間には大きなギャップがある**のです。本書の読者の方の中にも、プログラミングをある程度は学んだけれど、実際に何かをしようとすると手が止まってしまった経験がある方もいるでしょう。

図5-1 「わかる」と「できる」の違い

私がプログラミング教育にChatGPTを活用する際、最も価値があると考えたのは、この**「わかる」から「できる」への壁を乗り越えるための活用法**でした。例えば自分で一から作成しなくても、簡単な指示だけで私たちが考えるアイデアをChatGPTがあっという間にプログラミングしてくれるので、それをベースに学びを進めることができます。この壁を乗り越えることができれば、多くの人がプログラミング学習に成功するでしょう。

　これをかなえるために作成したのが、**サービスを作るプロセスに対してChatGPTを活用するChapter 5〜7の「実践ガイド」**です。ここでは、ChatGPTを使ってモノ作りに挑戦しながら、基礎の定着を図り、作りたいサービスに必要な知識を得るためのステップを紹介しています。基礎学習後の次のチャレンジとして活用してください。

　また、プログラミング学習の最初の一歩として、このガイドに挑戦するのもよいでしょう。実際に手を動かすことで「こんなものが作れるんだ」と楽しさを感じ、学習のモチベーションが高まります。実際、私はプログラミングをこれから学ぶ人向けに、「サービス作りから始めるプログラミング講座」を開催し、サービスを作る楽しさをワークショップで体感した後で、基本的な学習に取り組む講座を行っています。

　実践からは多くの学びが得られます。ガイドの手順通りに進めていくと、実際にサービスやプログラムを作ることができる構成となっているので、ぜひ手を動かして学んでみましょう。

Webサービス作成による学習ステップ

本章では、**Webサービスを作成する**というテーマで実践的な学習を進めます。Webサービスは、プログラミングによって作成される代表的な成果物であり、その開発スキルは広く求められています。実際、多くの方が「作りたいWebサービスがある」「Web開発のスキルを身に付けて、副業や転職に生かしたい」といった目的でプログラミングを学んでいます。

まだ具体的な目標が定まっていない方も、最も一般的であるWebサービスの作成から学んでWeb開発のスキルを得ていくことをお勧めします。

Webサービスを作る場合、以下の学習ステップで学んでいきます。

① Webサービスを作る

まずは早速、ChatGPTを利用してWebサービスを作ります。難しそうに思えるかもしれませんが、ChatGPTを使えば一瞬で作成できます。

② どう作られているかを学ぶ

次に作成したWebサービスの構造を学んでいきます。実際のWebサービスの中で使われているプログラミングの基本ルールや構文に触れることで、学んだ基礎知識の理解が深まり、自身で応用できるようになります。

③ 改良して学ぶ

さらに作成したWebサービスを改良することで、発展的な学習を行います。Webサービスを作成すると新しいアイデアが生まれて、それらを実現する過程でさらに学ぶことができます。

図5-2 Webサービス作成による学習の3ステップ

このような学習ステップで進めることで、Webサービス作りの経験を積むだけでなく、基本的な知識のおさらいにもなります。ChatGPTを活用しながら、作りたいWebサービスの作成手順から改良の方法まで学んでいきましょう。

03 ToDo管理サービスを 作ってみよう

　ここでは実践例として、ToDo管理サービスを作成してみましょう。通常、ToDo管理サービスを作るには、ToDoリストを保存するデータベースなど、さまざまな技術や環境の準備が必要です。しかし、今回は、そうした複雑な環境設定なしで、作ったプログラムをファイルに保存して動かすことができるシンプルなToDo管理サービスを作成します。

(図5-3) **学習ステップ1. Webサービスを作る**

ChatGPTを活用すると、たったの5ステップでToDo管理サービスを作成することができます。一緒に手を動かしながら作成してみましょう。

1. ChatGPTにWebサービスの作成を依頼する

まずはChatGPTに、Webサービスの作成を依頼します。

あなたはプロのITエンジニアです。
環境構築不要の、シンプルなToDo管理のWebサービスを作成して
ください。

もちろん、承知しました！

ブラウザ上で動作するシンプルなToDoリストサービスをHTML、
CSS、そしてJavaScriptを使って作成します。環境構築不要のため、
すべてのコードは単一のHTMLファイル※に収めます。

以下がそのサンプルコードです：

```html
<!DOCTYPE html>
<html lang="ja">
<head>
    <meta charset="UTF-8">
    <meta name="viewport" content="width=device-width, initial-scale=1.0">
    <title>シンプルTODOリスト</title>
    <style>
        body {
            font-family: 'Arial', sans-serif;
            margin: 40px;
        }
        #todoList {
            list-style-type: none;
            padding: 0;
        }
        #todoList li {
            margin: 10px 0;
            border: 1px solid #ccc;
            padding: 5px 10px;
            display: flex;
            justify-content: space-between;
        }
        button {
            background-color: red;
            color: white;
            border: none;
            cursor: pointer;
```

※一般的なWebサービスではファイルを分けたりフレームワークに頼りますが、
　本プログラムは学習用途の趣旨に沿って原理を学ぶためにシンプルな構成を選択しています。

```
        }
    </style>
</head>
<body>

<h2>シンプルTODOリスト</h2>

<input id="newTodo" type="text" placeholder="新しいTODOを入力">
<button onclick="addTodo()">追加</button>

<ul id="todoList"></ul>

<script>
    function addTodo() {
        const inputValue = document.getElementById('newTodo').value;
        if (!inputValue) return;

        const li = document.createElement('li');

        const deleteButton = document.createElement('button');
        deleteButton.innerText = '削除';
        deleteButton.onclick = function() {
            li.remove();
        };

        li.innerText = inputValue;
        li.appendChild(deleteButton);
        document.getElementById('todoList').appendChild(li);

        document.getElementById('newTodo').value = ''; // 入力欄を空にする
    }
</script>

</body>
</html>
```

このHTMLファイルをブラウザで開くと、シンプルなToDoリスト
管理アプリを利用できます。新しいToDoを追加するための入力欄と
ボタンがあり、ToDoを追加するとリスト形式で表示され、各ToDo
には削除ボタンが付いています。

「環境構築不要の、シンプルなToDo管理アプリを作成してください」と依
頼をし、ChatGPTからはプログラムが出力されました。

次はこちらを動かしていきましょう。

2. テキストエディタを起動する

Windowsなら「メモ帳」、Macなら「テキストエディット」を開きましょう。
新しいファイルが作成され、何も書かれていない画面が表示されます。

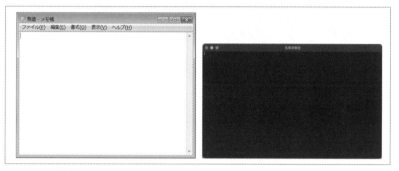

Windows（左）とMac（右）のエディタ画面。

※Macの場合
　テキストエディットの設定変更が必要です。テキストエディットを開いたら、
左上のテキストエディット→「設定」を押して、以下の設定変更を行ってください。
完了したらテキストエディットを一度閉じ、再度開きます。

①「新規書類」内にある「フォーマット」項目のボタンを「標準テキスト」に選択
②「開く/保存」内にある「ファイルを開くとき」という項目の「HTMLファイルを、
フォーマットしたテキストではなくHTMLコードとして表示」のチェックボックス
にチェックを入れる
③「ファイルを保存するとき」という項目の「標準テキストファイルに拡張子".txt"
を追加」のチェックボックスのチェックを外す

3. ChatGPTで出力されたコードをコピーする

ChatGPTの回答の中で、コードが出力されているエリアの外枠右にある
「Copy code」を押してください。コード全文がコピーされます。

```
html                                                      📋 Copy code

<!DOCTYPE html>
<html lang="ja">
<head>
    <meta charset="UTF-8">
    <meta name="viewport" content="width=device-width, initial-scale=1.0">
    <title>シンプルTODOリスト</title>
    <style>
        body {
            font-family: 'Arial', sans-serif;
            margin: 40px;
        }
```

クリック

「Copy code」をクリックするとコードをコピーできる。

4. テキストファイルにコードを貼り付け、保存する

　テキストエディタの画面に戻り、右クリック→「貼り付け」でコピーした
コードを貼り付けます。貼り付けが完了したら保存します。ファイル名は
「index.html」、場所は「デスクトップ」、エンコード（Macでは標準テキスト
のエンコーディング）は「UTF-8」を選択してください。

UTF-8を選択して保存

テキストエディタにコードを貼り付けたあとの保存画面。

5. 作成したHTMLファイルをダブルクリックする

保存されたファイルをダブルクリックするとWebブラウザが立ち上がります。ToDo管理サービスの完成です。

シンプルTODOリスト

新しいTODOを入力 〔追加〕

完成した「シンプルToDoリスト」。

わずか5ステップでToDo管理サービスが作成できました。ChatGPTの説明には「新しいToDoを追加するための入力欄とボタンがあり、ToDoを追加するとリスト形式で表示され、各ToDoには「削除」ボタンが付いています」とあります。実際に試してみましょう。

入力フォームにテキストを入力し「追加」ボタンを押すと、ToDoを追加することができます。追加されたToDoはリスト形式で表示されます。

シンプルTODOリスト

新しいTODOを入力 〔追加〕 →→ テキストを入力し「追加」ボタンをクリック

セキュリティ研修を受講する	削除
A社への提案資料作成	削除
懇親会の店を予約する	削除

3つのToDoを追加した状態。

また、ToDoの右にある「削除」ボタンをクリックすると、完了したToDoを削除することができます。

シンプルTODOリスト

新しいTODOを入力 〔追加〕   クリック →

| A社への提案資料作成 | 削除 |
| 懇親会の店を予約する | 削除 |

新しいToDoを追加したり、完了したものは「削除」ボタンで消すことができる。

このような指示1つで、あまりにも簡単にWebサービスが作れたことに
驚くのではないでしょうか。さらにChatGPTの素晴らしい点は、ToDo管理
サービスに限らず、さまざまなリクエストに応じたWebサービスを、同様
の手順で簡単に作成できることです。例えば、

- 電卓
- ブロックくずしなどのゲーム
- 簡単なECサイト

などもリクエストに応じて作成可能です。個人の目的に合ったWebサービ
スや、試してみたいアイデアはありますか？ ChatGPTの魅力は、その手軽
さにあります。好奇心に従って、気軽に試してみましょう。

図5-4 学習ステップ2. どう作られているかを学ぶ

　本節からは作成したWebサービスを使って、開発で特に重要な要素を学んでいきます。**すでにあるWebサービスのプログラムをじっくり理解する**ことで、使える知識が身に付きます。作成したWebサービスを操作してみると、「このテキストボックスはどうやって表示しているのか」「追加ボタンをクリックした際に、ToDoがどのように保存されるのか」といった**作りや動きに対して具体的な疑問が湧いてくる**と思います。こうした疑問を持ちながら学ぶことは、ただ漠然と学ぶのとは異なり、理解の深まりや知識の定着に大きな違いをもたらします。

　ChatGPTには、生成したプログラムについての説明も依頼できます。その説明を参考にしながら、「ToDo管理サービスはどう作られているか」を理解していきます。一緒に手を動かして挑戦してみましょう。

シンプルなToDoリストサービスのプログラムを、プログラミング初
心者向けに解説してください。

もちろんです。プログラミングやコンピュータの知識が少ない方向け
に解説を簡単にしますね。

解説:

- **HTML**: Webページの骨組みや内容を作るための言語です。
  - **<!DOCTYPE html>**: これは、私たちが最新のWebページ
    の作り方を使っていることを伝えるための合図です。
  - **<head>...</head>**: これはWebページの設定やデザインの
    設定が入るところです。
  - **<body>...</body>**: これが実際にWebページで見ることが
    できる部分です。
- **CSS**: Webページのデザインや見た目を変えるための言語です。
  - **<style>...</style>**: この中に、Webページの色や形、大き
    さなどのデザインの設定が入っています。
- **JavaScript**: Webページに動きや機能を追加するための言語です。
  - **<script>...</script>**: この中に、ボタンを押したときの動き
    や、新しい情報を表示するためのプログラムが書かれています。
  - **addTodo関数**: 「追加」ボタンをクリックするとこの関数が
    実行されます。この関数は入力されたテキストを取得し、新し
    いToDoアイテムをリストに追加します。

具体的な流れ:

- ユーザーがテキストボックスにToDoアイテムを入力します。
- 「追加」ボタンをクリックすると、addTodo関数が呼び出されます。
- この関数は、入力されたテキストを取得し、新しいリストアイテム

としてWebページに追加します。このとき、各ToDoアイテムには「削除」というボタンも追加されます。
- 「削除」ボタンをクリックすると、そのToDoアイテムはリストから削除されます。

生成されたプログラムの解説を依頼しました。この解説を読みながらプログラムを見比べて、学びたいテーマに焦点を当てて掘り下げることで理解が深まります。ここからはいくつかのテーマを掘り下げた例を見ていきましょう。

使用している言語とその役割を学ぶ

ChatGPTによると、このプログラムはHTML、CSS、JavaScriptという3種類の言語で作られていて、それぞれ以下のような役割と構成であることを解説しています。

表5-1 HTML、CSS、JavaScriptの役割と構成

HTML 骨組みや内容を作る	・Webページの骨組みや内容を作るための言語 ・<head>...</head> や <body>...</body> の中に書かれている
CSS デザインを変える	・Webページのデザインや見た目を変えるための言語 ・<style>...</style> の中に書かれている
JavaScript 動きや機能を追加する	・Webページに動きや機能を追加するための言語 ・<script>...</script> の中に書かれている

この解説を読んだうえで、改めて145～146ページのプログラムを見てみましょう。そこには<head>、<style>、<script>という部分があります（これら

を「**タグ**」といいます）。<style>...</style>の中には、'font'や'color'などの単語があり、CSSの役割がWebページの見た目を整える言語だと理解できます。

次に<script>...</script>の中を見てみましょう。ここには'addTodo'という単語があります。'addTodo'についてChatGPTは以下のように説明しています。

> **addTodo関数**：「追加」ボタンをクリックするとこの関数が実行されます。この関数は入力されたテキストを取得し、新しいToDoアイテムをリストに追加します。

つまり、'addTodo'には「追加」ボタンをクリックしたときの動作が書かれています。このことから、JavaScriptはWebページに動きを加えたり、機能を追加したりする言語であることがわかります。

ここで紹介した各言語の役割や構造については、これらのプログラミング言語を学ぶ人が最初に学ぶ内容です。ただし、単に教材の説明を読むだけよりも、**自分で作成したものを実際に見てその構造を理解するほうが、学びが実感として得られます**。これが「作成したWebサービスを使って学ぶ」という学び方の大きなメリットです。

デザインの方法（CSS）を学ぶ

CSSは色や形、大きさなどのデザインの設定を行う役割を担っています。このプログラムのCSS部分のコードは以下のようになっています。

```html
<style>
/* スタイル設定部分。見た目を整えるためのCSSコードです。 */
body {
    font-family: 'Arial', sans-serif;
    margin: 40px;
}
```

```
#todoList {
    list-style-type: none;
    padding: O;
}
#todoList li {
    margin: 10px O;
    border: 1px solid #ccc;
    padding: 5px 10px;
    display: flex;
    justify-content: space-between;
}
button {
    background-color: red;
    color: white;
    border: none;
    cursor: pointer;
}
</style>
```

では、このコードを修正して、デザインの変化を体験してみましょう。

まず、9ページを参照して「index.html」をダウンロードし、テキストエディタで開いてください（右クリック→「プログラムから開く」→「メモ帳」を選択）。そして、button{}の中に「border-radius: 5px;」という記述を追加します。

```css
button {
    background-color: red;
    color: white;
    border: none;
    cursor: pointer;
    border-radius: 5px;
}
```

修正後、ファイルを保存し、index.htmlをダブルクリックしてWebブラウザで開いてみてください。すると、「追加」ボタンが少し丸みを帯びた形に変わっているのがわかります。

シンプルTODOリスト

```
新しいTODOを入力   追加
```

オブジェクトに丸みを付けた結果。

私たちが日常的に使っているWebサービスのボタンも、このように角が少し丸みを帯びた、柔らかな印象のデザインが多いです。Webサービスのデザインは、このようなCSSの細かい調整によって施されています。

　さらに、border-radiusの横にある数値「5px」を「10px」に変更してみましょう。ファイルを保存し、再度index.htmlを開いてみてください。

　すると、ボタンはさらに角が取れ、楕円形となっていることが確認できます。5px（ピクセル：サイズの単位）から10pxに数値を大きくすることで、より角の丸さが進みました。

オブジェクトにさらに丸みを付けた結果。

　これまでのCSSの修正により、以下のことが理解できます。

- button……「追加」ボタンのデザインに影響するもの
- border-radius……ボタンの角を丸くするためのもの
- 5px,10px……角の丸さの大きさを指定するもの

　これらの要素を「**セレクタ**」や「**プロパティ**」「**値**」と呼びます。

図5-5　CSSの構成要素

デザインを指定する箇所：どこの？

セレクタ

指定する値：どのように？

値

```
button {
    background-color:blue;
}
```

プロパティ

デザインを指定する内容：何を？

　修正することで、それぞれがどのようなデザイン要素を担当しているのかがわかります。CSSについて深く学んでいく際は、修正と表示の繰り返しを通じて、新しい疑問が湧いたらインターネットや書籍で調べてみるとよいでしょう。また、ChatGPTに「このセレクタやプロパティはどのような意味があるのか」と尋ねるのも効果的です。

　プログラムを書き換えることに不安を感じる方もいるかもしれません。「間違えて動かなくなったらどうしよう」「元に戻らなくなったらどうしよう」と心配することもあるでしょう。しかし、**プログラミングを習得するのに重要なのはトライアンドエラー**です。もし変更して元に戻らなくなっても、また最初から作り始めればわずか5ステップで作り直すことができます。学習のためにも積極的にトライしましょう。

動きを加える方法（JavaScript）を学ぶ

　JavaScriptはWebページにさまざまな動きや機能を加えるために使われます。JavaScriptでは、「function」という言葉で始まるコードのまとまりを**「関数」**と呼びます。今回のプログラムでは、「addTodo」という関数があり、この関数は「追加」というボタンをクリックすると動きます。具体的には、入力されたテキストを使って、Todoとして追加するという動きです。JavaScript部分のコードは以下のようになっています。

```javascript
<script>
function addTodo() {
    // 入力されたToDoアイテムの値を取得
    const inputValue = document.getElementById('newTodo').value;

    // 値がなければ何もしない
    if (!inputValue) return;

    // 新しいリストアイテム(liタグ)を作成
    const li = document.createElement('li');

    // 削除ボタンを作成
    const deleteButton = document.createElement('button');
    deleteButton.innerText = '削除';
    deleteButton.onclick = function() {
        li.remove();
    };

    // リストアイテムにToDoアイテムの値と削除ボタンを追加
    li.innerText = inputValue;
    li.appendChild(deleteButton);
    document.getElementById('todoList').appendChild(li);

    // 入力欄を空にする
    document.getElementById('newTodo').value = '';
}
</script>
```

　addTodo関数は上記のようにややボリュームのあるコードで、一見すると少し複雑に見えるかもしれません。多くの人は、**この関数が大まかに何をしているのかを理解し、それで満足してしまいがちです。**しかし、ここで1行1行が何をしているのかを理解できたら、応用可能な知識を身に付けて自身の力だけでWebサービスを作れるようになります。そこで、ChatGPTにaddTodo関数の中身を1行ずつ解説してもらいしょう。

 addTodo関数の中を1行ごとに詳しく解説してください。

了解しました。addTodo関数の中身を1行ずつ詳しく解説いたします。

詳細解説:

1．const inputValue = document.getElementById('newTodo'). value;

• ここで、document.getElementById('newTodo')はHTML内の id="newTodo"となっている要素（入力欄）を取得しています。
• .valueでその入力欄の中のテキスト（ユーザーが入力した内容）を取得します。
• 取得した値をinputValueという定数に保存します。

2．if (!inputValue) return;
• この行は、inputValueが空（つまり、何も入力されていない）場合、関数の実行を中断します。!は「否定」を意味するので、!inputValue は「inputValueが空または存在しない」場合に**true**となります。

3．const li = document.createElement('li');
• 新しい**\<li\>**タグ（リストアイテム）を作成します。
• 作成した要素を**li**という定数に保存します。

4．const deleteButton = document.createElement('button');
• 新しい\<button\>タグ（ボタン）を作成します。
• 作成したボタン要素をdeleteButtonという定数に保存します。

5．deleteButton.innerText = '削除';
• 前行で作成したdeleteButtonボタンの表示テキストを「削除」としています。

実践ガイド：Webサービスの作成

6. deleteButton.onclick = function() { li.remove(); };
- このボタンがクリックされたときに実行する関数を定義しています。この関数は、ボタンが属している<li>タグ（ToDoアイテム）を削除する動作を行います。

7. li.innerText = inputValue;
- 作成したli要素のテキストを、ユーザーが入力したテキスト（inputValue）に設定しています。

8. li.appendChild(deleteButton);
- li要素の中に、deleteButtonボタンを追加します。

9. document.getElementById('todoList').appendChild(li);
- 作成したli要素（ToDoアイテムと削除ボタンが含まれる）を、id="todoList"の<ul>タグの中に追加しています。

10. document.getElementById('newTodo').value = '';
- ユーザーが入力した内容をリセットして、入力欄を空にします。

　ChatGPTにプログラムを1行ずつ解説してもらいました。もしこの解説を読んで理解が難しい箇所があったら、それは自分の力でプログラムが作れるという「できる」状態ではない可能性が高いです。そのようなときは腹落ちできるまで、ChatGPTを頼りながら学習します。
　ここからは、1行の意味を理解することで、基礎知識を定着させる例を見ていきましょう。

オブジェクト、メソッド、プロパティについて学ぶ

　より具体的に学んでいくために、ChatGPTが回答した1行目の解説を読んでみると、テキスト入力欄から入力したデータを取得するために

「document.getElementById('newTodo').value」という記述をしていること
がわかります。これは何を意味しているのでしょうか。ChatGPTに質問し
てみると、以下のような回答を得ました。

プログラムに出てくるdocument.getElementById('newTodo').
valueについて、初心者でもわかるように解説してください。

もちろんです。わかりやすく説明いたします。

document.getElementById('newTodo').value というコードは、
Webページの中の特定の部分の値を取得するために使われるもので
す。ここで、それぞれの部分が何を意味しているかを簡単に見ていき
ましょう。

・document は、現在のWebページ全体を表すオブジェクトです。
・.getElementById は、documentオブジェクトが提供するメソッ
ド（あるタスクを行うためのコードの集まり）の1つで、特定のIDを
持つ要素を検索するために使われます。
・'newTodo' は、このメソッドに渡される文字列で、探している
HTML要素のIDです。
.valueは見つけたHTML要素の現在の値を取得するためのプロパ
ティです。

(以下略)

解説ではこの1行が部分ごとに分類でき、それぞれ役割があることを示し
ています。

最初のdocumentは、Webページ（HTML文書）全体を示す「**オブジェクト**」

と呼ばれるもので、コンピュータの世界において「モノ」を表す言葉です。

次に、「getElementById」という部分があります。これは「**メソッド**」と呼ばれるもので、オブジェクトに命令を与える役割を持っています。getElementByIdというメソッドは「Webページ内の特定の要素を探してください」という命令です。情報を取得してきてくれます。

このメソッドの中にある「'newTodo'」は「**引数**」と呼ばれます。これにより、メソッドにどの要素を探すべきかを指定しています。すなわち、「getElementById('newTodo')」とは、**「Webページの中から'newTodo'という名前 (id) の要素を探す」**という命令です。プログラム全体を改めて見ると、'newTodo'は以下の箇所で出てきます。

<input> タグは、Webページにテキスト入力欄を作成するための記述です。つまりここでHTMLのタグにidとしてnewTodoを付与していることがわかります。

囲んだ部分が <input> タグが表すもの。

最後の部分「.value」は「**プロパティ**」と呼ばれ、オブジェクトの特性や情報を取得するときに使います。ここでは、id='newTodo'のテキスト入力欄に入力された内容（値）を取得しています。

まとめると以下のようになります。

- 'newTodo'という名前 (ID) の要素を「document」というオブジェクトの中から探すために、「getElementById」というメソッドを使用している
- 探し出した要素の入力内容を「value」というプロパティで取得している

オブジェクト、メソッド、プロパティという概念は非常に重要で、JavaScriptはこれらの要素で構成されています。

図5-6 **オブジェクト、メソッド、プロパティの関係性**

　プログラミングの学習において**「おまじない」**という表現がよく使われます。これは、「完全に理解できなくても、とりあえずこのように書いておけば機能する」という意味です。このアプローチは学習を進めるうえで効果的ですが、**長期的には「おまじない」に頼りすぎると、根本的な理解に欠けることになります。**そこでここでは、単なる「おまじない」として覚えるのではなく、実際に何をしているのかを理解することに取り組みました。

　このように1行ずつコードを理解することが、「できる」状態に近づくための鍵となります。これからJavaScriptを学習していく際、このオブジェクト、メソッド、プロパティの種類や役割分担を意識しながらコードを読んだり、書いたりすることができるでしょう。

DOM操作について学ぶ

　各行のコードを理解するもう1つの例として、JavaScriptの重要な役割である**「動的な変更」**を深掘りしていきましょう。JavaScriptについて、ChatGPTは「Webページに動きや機能を追加する言語」と説明しています。具体的には、ユーザーが何かアクション（例えばボタンをクリックする）を起こすたびに、JavaScriptがHTMLの更新をするということです。このようにユーザーの操作に応じてプログラムが変わることを、動的な変更と呼びます。

プログラムがユーザーのアクションに反応して更新されるということは、初めての方には少し難しく感じるかもしれません。では、ChatGPTを使って実際にこの「動的な変更」を目で見て理解しましょう。

このプログラムの動的な変更について、理解できるように解説してほしいです。HTMLのプログラムがどう変化していくか出力してください。

このHTMLプログラムは、ユーザーのアクション（「新しいToDoを入力」フィールドにテキストを入力して「追加」ボタンをクリックする）に応じて動的に変化します。その動きをステップ・バイ・ステップで説明します。

ステップ 1: 初期状態
ユーザーがページをロードした直後の状態です。

```html
<!DOCTYPE html>
<html lang="ja">
<head>
    <!-- 省略: メタデータ、スタイル -->
</head>
<body>

<h2>TODOリスト</h2>

<input id="newTodo" type="text" placeholder="新しいTODOを入力">
<button onclick="addTodo()">追加</button>

<ul id="todoList">
    <!-- このリストは初期状態では空です。 -->
</ul>

<!-- 省略: JavaScript関数 -->

</body>
</html>
```

ユーザーが「牛乳を買う」と入力して「追加」ボタンをクリックした後の状態です。

```html
<!-- 省略: DOCTYPE、headタグ、bodyの開始 -->

<h2>TODOリスト</h2>

<input id="newTodo" type="text" placeholder="新しいTODOを入力">
<button onclick="addTodo()">追加</button>

<ul id="todoList">
  <!-- ここに新しいアイテムが追加されます -->
  <li>
    牛乳を買う
    <button onclick="this.parentNode.remove()">削除</button>
  </li>
</ul>

<!-- 省略: JavaScript関数 -->

<!-- 省略: bodyの終了、htmlの終了 -->
```

ステップ 3: 別のアイテム「パンを買う」を追加した後

次に「パンを買う」と入力して「追加」ボタンをクリックした後の状態です。

```html
<!-- 省略: DOCTYPE、headタグ、bodyの開始 -->

<h2>TODOリスト</h2>

<input id="newTodo" type="text" placeholder="新しいTODOを入力">
<button onclick="addTodo()">追加</button>

<ul id="todoList">
  <li>
    牛乳を買う
    <button onclick="this.parentNode.remove()">削除</button>
  </li>
  <!-- 新しいアイテムがここに追加されます -->
  <li>
    パンを買う
    <button onclick="this.parentNode.remove()">削除</button>
```

```
    </li>
  </ul>

<!-- 省略: JavaScript関数 -->

<!-- 省略: bodyの終了、htmlの終了 -->
```

ステップ 4: アイテムを削除した後

ユーザーがどれかの「削除」ボタンをクリックしたとき、そのアイテムはリストから削除されます。例えば「牛乳を買う」の削除ボタンをクリックした後の状態です。

```html
<!-- 省略: DOCTYPE、headタグ、bodyの開始 -->

<h2>TODOリスト</h2>

<input id="newTodo" type="text" placeholder="新しいTODOを入力">
<button onclick="addTodo()">追加</button>

<ul id="todoList">
  <!-- 「牛乳を買う」が削除されたので、以下のアイテムのみが表示されます。 -->
  <li>
    パンを買う
    <button onclick="this.parentNode.remove()">削除</button>
  </li>
</ul>

<!-- 省略: JavaScript関数 -->

<!-- 省略: bodyの終了、htmlの終了 -->
```

これらの変化は、実際のHTMLファイル内で直接見ることはできませんが、ウェブブラウザの開発者ツールを使用することで、DOM（Document Object Model）内でこれらの変更をリアルタイムで観察することが可能です。

JavaScriptを使ったプログラムの変化をステップごとに追ってみましょう。ソースコードの出力と解説を通じて、どのようにプログラムが変わるのかを見てみます。「ステップ 1: 初期状態」と「ステップ 2::アイテム『牛乳を

買う』を追加した後」を比較してみると、プログラムの変化がわかります。

・ステップ 1: 初期状態

```
<ul id="todoList">
    <!-- このリストは初期状態では空です。 -->
</ul>
```

・ステップ 2: アイテム「牛乳を買う」を追加した後

```
<ul id="todoList">
   <!-- ここに新しいアイテムが追加されます -->
   <li>
      牛乳を買う
      <button onclick="this.parentNode.remove()">削除</button>
   </li>
</ul>
```

<ul> はリストを作成するタグで、<li> はそのリストに1行追加する際に使用されます。ステップ2ではユーザーが「牛乳を買う」という ToDo を追加することで、新しい <li> 要素がリストに追加されています。

シンプルTODOリスト

| 新しいTODOを入力 | 追加 |

| 牛乳を買う | 削除 |

ステップ2のときの画面の状態。

この1行はどう作られているのでしょう。改めてaddTodo関数の解説を見てみましょう。

3. const li = document.createElement('li');
- 新しい<li>タグ（リストアイテム）を作成します。
- 作成した要素をliという定数に保存します。

7. li.innerText = inputValue;
- 作成したli要素のテキストを、ユーザーが入力したテキスト（inputValue）に設定しています。

3では、「document.createElement('li')」という記述を使ってリストに1行追加していることがわかります。これは、JavaScriptを使って HTML の<li> 要素を新しく作成する命令です。

また、7ではli.innerText というプロパティに inputValue を設定しています。これは、入力された ToDo を新しく作成されたリストのテキストとして設定していることを示しています。li.innerText は、JavaScript で作成された HTML 要素のテキスト内容を追加または取得するために使用されます。参考までにli.innerTextの意味をChatGPTに聞くと、以下のような回答が返ってきます。

li.innerText というコードは、JavaScriptで作成されたHTML要素（この場合は <li> 要素、つまりリストアイテム）にテキストを追加するために使用されます。

ここでの li は、document.createElement('li') によって作られた新しいリストアイテムを表しています。innerText プロパティを使用することで、その <li> 要素の表示テキストを設定または取得すること

ができます。

　これまで見てきた「動的な変更」は、具体的には「**DOM操作**」というプロセスによって行われます。DOMとは「Document Object Model（ドキュメントオブジェクトモデル）」の略称で、HTML文書を構造的に表現したものです。これにより、Webページ上のすべての要素（テキスト、画像、リンクなど）がツリー構造で管理されています。

　JavaScriptはこのDOMを操り、ユーザーの操作に基づいてWebページの要素を変更します。この仕組みによって、Webページはユーザーのアクションに応じてリアルタイムで反応し、内容を更新することができます。

実践ガイド：Webサービスの作成

(図5-7) **DOM操作のイメージ**

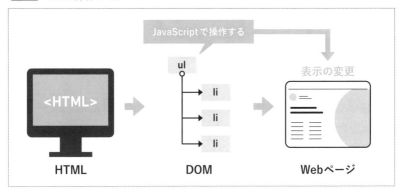

　このDOM操作のように、裏側でどのように動作しているかを理解することを「**原理を押さえる**」と表現します。ここまでしっかり理解することは、時には少し遠回りしているように感じられるかもしれませんが、より高度なことができるようになるための近道となります。時間を要するところはChatGPTでショートカットして、効率的に原理を押さえるようにするとよいでしょう。

作成したWebサービスを改良して学ぶ

図5-8 学習ステップ3.改良して学ぶ

今回作成したWebサービスは基本的なToDo管理サービスですが、作成後は見た目を整えたり、使い勝手をよくしたりするような改良を加えたくなるものです。Webサービスを改良していくプロセスも効果的な学習方法です。

多くの開発現場では、新規にプログラムを作るよりも、既存のプログラムに手を加えて改良することのほうが多いです。このように実際のプログラミングと同じ状況で「どのように書けばよいか？」という問題に取り組むことで、**実践的なテクニックを学ぶ機会**になります。

もちろんToDo管理サービスを作ったのと同様に、改良に必要なプログラムもChatGPTに作成してもらい、まずはそれを作ることから始め、その後でその内容を理解しながら学ぶことが可能です。ここではいくつかの改良例を紹介しています。これ以外にも自分なりのアイデアをぜひ試してみてください。

デザインをブラッシュアップする

Webサービスにおいて、見た目を含めたデザインは重要な要素です。Webページのデザインや見た目を変えるための言語はCSSの役割であると学んできました。作成してもらったToDo管理サービスは、シンプルであるがゆえにデザイン的には少し物足りないと感じるでしょう。普段使っているWebサービスのようにかっこいいデザインにブラッシュアップしてみましょう。ひとまず、以下のように依頼して、03節と同様の手順でプログラムを作成し、ブラウザで開いてみてください。

作成してもらった元のToDoリストをBootstrapを使ってデザインをもっときれいに整えてください。

このように質問すると、次のようなのようなデザインにすることができます。

「Bootstrap」を使ったTodo管理サービス。

作成してもらった元のToDoリストをUIkitを使ってデザインをもっときれいに整えてください。

このように質問すると、次のようなデザインにすることができます。

TODOリスト

✎ 新しいTODOを入力	追加

セキュリティ研修を受講する	削除
A社への提案資料作成	削除
懇親会の店を予約する	削除

「UIkit」を使ったTodo管理サービス。

　ここで使用した「Bootstrap（ブートストラップ）」や「UIkit（ユーアイキット）」について簡単に説明します。これらは**「CSSフレームワーク」**と呼ばれるツールで、Webページのデザインを簡単に整えるためのCSSのパーツ一式です。

　CSSフレームワークは、料理でいう「ミールキット」のようなものです。ミールキットはレシピに必要な食材が下処理されてセットになっており、自分で分量を量ったり切ったりする手間が省けます。Webページをデザインする際に通常のCSSを使うと、例えば入力欄の見た目を整えるために「余白はどれくらいか」「文字の大きさはどれくらいか」「枠の色は何色か」といった多くの細かい設定を1つずつ決める必要があります。しかし、BootstrapやUIkitのようなCSSフレームワークを使えば、これらの設定があらかじめ「初期設定」として用意されています。その結果、**手軽に、そしてスピーディーに美しいデザインを実現することができる**のです。これにより、デザインの作業が格段にラクになります。

　出力されたプログラムを見てみると、CSSフレームワークを使う前と後ではプログラムが変わっていることがわかります。ここではその解説は割愛しますが、04節と同様の手順でChatGPTにプログラムの解説をしてもらいながら、CSSフレームワークの使い方を理解し、応用できるようになるのが望ましいでしょう。

機能を追加する

　機能面においても、さらに改善したい部分が出てくると思います。ToDo
管理サービスにはどんな機能があると望ましいでしょうか？

● 期限設定ができる
● 担当者設定ができる
● 優先度の設定ができる
● 期限切れのToDoにはアラートを出す

　このようなアイデアを思いついたら、どのようにプログラミングで実現す
るかを学ぶことが、実践的なスキルの向上につながります。以下のような機
能追加のアイデアをChatGPTに依頼してみましょう。

> Bootstrapのデザインを適用したToDo管理サービスのプログラム
> に期限を設定する機能を追加してください。

　このように質問すると、次のようなToDoリストを作ることができます。

期限設定機能を持つTodo管理サービス。

> Bootstrapのデザインを適用したToDo管理サービスのプログラム
> に並び替え機能を追加してください。

このように質問すると、次のようなToDoリストを作ることができます。

ToDoリスト

新しいTODOを入力　　　　　　　　　　　　　　　　　　　　追加

A社の提案資料を作成する

セキュリティ研修を受講する

懇親会の店を予約する

ドラッグアンドドロップによる並び替え機能を持つTodo管理サービス。

　これらの機能をプログラムに組み込む際の手順やテクニックを学ぶことで、実際にWebサービスを作る際のスキルが身に付きます。

　また、実際にChatGPTとともにWebサービスを作っていく際には、最初から多くの機能を詰め込んだプログラムの作成を依頼しても、すべては反映されないことが多いです。そこで、最初はたたき台として最低限の機能を持つプログラムを作ってもらい、その後で徐々にそのプログラムの改善を依頼していく手段が有効です。

Chapter 6

実践ガイド：
Excel業務の効率化

プログラミングで
Excel業務をラクにする

多くの方がプログラミングを学習する目的の1つとして、日常業務の効率化があります。例えば日々の繰り返しの作業を自動で行えたり、紙での作業をパソコン上で完結させたりなど、業務を効率化することで新しいことに取り組む時間を捻出することができたらプログラミングを学ぶ価値があります。

Excelの自動化で実践的なスキルを身に付ける

本章では、**Excel業務の自動化**に焦点を当てています。意外と多くの人が、日常的にExcelで単純な作業を繰り返しています。ChatGPTに質問しながらExcelの関数やマクロといった機能を上手に使いこなし、Excel業務の効率化や自動化の方法を一緒に学んでいきましょう。

本章では2つのステップを用意しています。

① 前提知識〜VBA基礎

まず、1つのExcelファイル（ワークブック）における自動化を実践していきます。関数を用いた自動計算・自動入力から、マクロの作成、実行方法までの前提知識を紹介した後に、簡単なVBAプログラムの作成をChatGPTと行います。

② VBA応用

次に、より実用的な複数のワークブックをまたいだ作業の自動化にチャレンジします。作成したVBAプログラムを読み解くことで、自分の力でプログラミングする際にも使えるスキルが身に付くでしょう。

図6-1 Excel業務の効率化による学習の2ステップ

1
前提知識 ～ VBA 基礎

単一ワークブックの
作成を自動化

2
VBA 応用

複数のワークブックを
またいだ作業を自動化

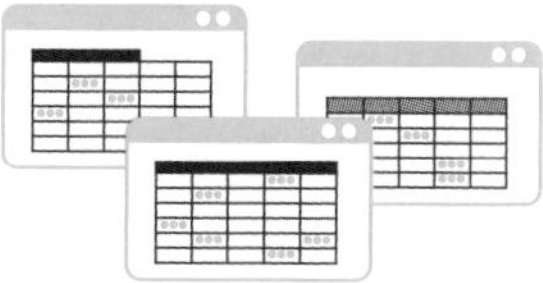

・関数による自動計算・自動入力
・複数のシートやワークブック間の処理
・マクロの作成、実行方法

・簡単なVBAの作成と理解
・フォルダ操作や繰り返しなど
　実用的なVBAの作成と理解

このような方は Excel 業務の自動化に取り組むのがお勧め

・日常業務の効率化に焦点を当てて学びたい方
・毎日の Excel 業務が多く、時間を節約したいと考えている方
・マクロやVBAに関心がある／学ぼうと考えている方

ChatGPT は Excel の知識も豊富です。うまく活用すれば、Excel を使った日常業務を強力にサポートしてくれるでしょう。すぐに使える、日々の仕事を効率化するためのスキルを本章で学んでいきましょう。

Chap
6

実践ガイド：Excel 業務の効率化

実践例1
請求書作成を効率化しよう

　まずはExcel業務を効率化する基本的な方法について学びます。関数やマクロの作成方法をわかりやすく解説します。プログラミングを活用するための前提知識を押さえましょう。

図6-2　学習ステップ1. 前提知識~VBA基礎

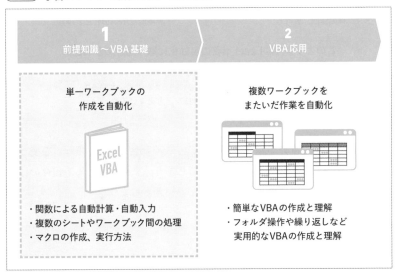

1 前提知識 ~ VBA基礎	2 VBA応用
単一ワークブックの作成を自動化	**複数ワークブックをまたいだ作業を自動化**
・関数による自動計算・自動入力 ・複数のシートやワークブック間の処理 ・マクロの作成、実行方法	・簡単なVBAの作成と理解 ・フォルダ操作や繰り返しなど実用的なVBAの作成と理解

　ここではExcel業務の例として請求書作成を効率化する方法について学んでいきます。次ページのようなExcel※で作成したテンプレートを用いて請求書を作成しています。

※本著で使用しているExcelはOffice 365のダウンロード版です。
　使用するバージョンによって挙動が変わる可能性があります。

本書で使用する請求書のテンプレート。

　このテンプレートは9ページに記載のURLからダウンロードできるので、活用してください。なお、お手元に別のテンプレートがあれば、それを使ってもかまいません。

　例えば、あなたの仕事が毎月100社の取引先の請求書を作成することだとしましょう。ここではどのようにすれば「Excelを使った請求書作成をもっと早く、もっと簡単にできるか」という点に焦点を当てて、具体的な方法を一緒に学んでいきます。

効率化の基礎である関数を学ぶ

　まずはプログラミングでExcel業務を効率化する前提知識として、関数について学びましょう。**Excel関数を使うことも簡易的なプログラミング**であり、使いこなせば手作業を大幅に減らすことができます。

1. ChatGPTに役立ちそうな関数を聞く

　Excel資料を作成中に「ここでこの関数を使おう」といったアイデアを思いつくには、関数の知識が頭に入っていなければなりません。逆にいえば、「アイデアの引き出し」がなければ、いつも同じ関数を使い続けることになりま

実践ガイド：Excel業務の効率化

す。

　しかしChatGPTを利用すれば、新しいアイデアを得ることができます。
例えば、請求書の作成に役立つ関数についてChatGPTに尋ねてみましょう。

Excelで請求書を作成しています。
作成を効率化するために使用できそうな関数を表化してください。

Excelで請求書作成を効率化するために使用できる関数を、請求書の
中での具体的な使用例と共に表化します。

関数名	使用例（請求書内での利用シナリオ）	説明
SUM	商品の小計を計算する際に使用 例：=SUM(B2:B10)	指定した範囲の数値の合計を計算します。
VLOOKUP	商品コードから価格を検索する際に使用 例：=VLOOKUP(A2, 商品リスト, 2, FALSE)	1つのテーブルから関連するデータを検索します。
IF	数量に応じた割引を適用する際に使用 例：=IF(B2>10, B2*価格*0.9, B2*価格)	条件に基づいて異なる計算を行います。
DATE	請求書の日付を入力する際に使用 例：=DATE(2023, 12, 31)	特定の日付を生成します。
TEXT	金額を通貨形式で表示する際に使用 例：=TEXT(C2, "$#,##0.00")	数値を特定の形式のテキストに変換します。
CONCATENATE	顧客の名前と住所を結合する際に使用 例：=CONCATENATE(E2, ", ", F2)	複数のテキストを1つに結合します。

(以下略)

　このように関数と作成中の資料における使用例をセットで回答してもらう
ことで、まだ使ったことがない関数を使うきっかけが生まれ、**「使いながら
学ぶ」**ことができます。ChatGPTが回答した活用アイデアをもとに、既存の
請求書をブラッシュアップしていきます。

2. 小計の自動計算 (SUM)

　ChatGPTのアドバイスの通り、各行の合計金額である「小計」の計算は
SUM関数を使用することができます。

図6-3 SUM関数を請求書に適用した例

	L23		× ✓ fx	=SUM(N18:N22)							
	A B	C	D E F G	H I J		K	L	M	N O	P

	商品コード	商品名	数量	単価	金額
	C001	オフィスデスク	10	15,000	150,000
	C003	事務用椅子	20	5,000	100,000
	C005	会議室プロジェクター	2	30,000	60,000

　SUM関数で自動計算が可能

	小計		310,000
消費税	10%		31,000
合計			341,000

小計以外の数値も自動計算が可能

　他にも各行の金額や合計は自動計算で表示でき、手入力を最小限に抑えた
自動計算の請求書を作ることができます。自動計算のメリットは、手間が省
けるだけでなく、記入ミスや計算ミスを防げることです。**一度正しく設定す
れば、その後はミスが起きにくいのも、プログラミングの大きな利点**です。

3. 商品価格の検索と自動入力 (VLOOKUP)

　続いて、VLOOKUP関数を使用します。商品情報のテーブルから商品コー
ドを使って商品名や単価を自動で検索し、取得することができます。
VLOOKUP関数は**引数の設定が複雑**なため、Excel関数を学ぶ人の最初のハー
ドルとなることが多いです。難しいと感じたら、掘り下げる質問をして理解
を深めます。

VLOOKUP関数の引数について、具体例を使ってわかりやすく説明
してください。

もちろんです。ExcelのVLOOKUP関数を使った具体例を用いて、引数の使い方を説明します。

VLOOKUP関数の基本構造
=VLOOKUP(検索値，テーブル配列，列インデックス番号，近似一致/完全一致)

具体例
仮に、商品コードに基づいてその商品の価格を検索するシナリオを考えます。以下のようなテーブルがあるとします。

商品コード	商品名	価格
1001	ペン	100円
1002	ノート	200円
1003	カレンダー	300円

ここで、商品コード 1002 の価格を検索するためにVLOOKUP関数を使います。

1.検索値
商品コード 1002 です。この値を検索します。

2.テーブル配列
商品コード、商品名、価格を含む範囲 です。この例では、テーブルがA列からC列にあると仮定しましょう。したがって、テーブル配列は A2:C4 になります。

（中略）

VLOOKUP関数の式
以上を踏まえて、VLOOKUP関数は以下のようになります。

```
=VLOOKUP(1002, A2:C4, 3, FALSE)
```

この式は、商品コード 1002 をA2からC4の範囲で検索し、一致する行の3列目（価格）のデータを返します。この場合、結果は 200円になります。

　ChatGPTから得られた情報の通り、商品情報のテーブルを作成し、商品名、単価のセルに適切な引数を設定したVLOOKUP関数を入力すると、この項目の自動入力が完了します。

商品マスタシートの作成例。

| E18 | | | ✕ ✓ fx | =VLOOKUP(B18,商品マスタ!A2:C100,2,FALSE) |

商品コード	商品名	数量	単価	金額
C001	オフィスデスク	10	15,000	150,000
C003	事務用椅子	20	5,000	100,000
C005	会議室プロジェクター	2	30,000	60,000
			小計	310,000
		消費税 10%		31,000
			合計	341,000

商品コードを入力すると、VLOOKUP関数により商品マスタシートから商品名と単価を呼び出せる。

4. 日付や期限の自動設定 (TODAY,EOMONTH)

　日付の項目も自動入力の対象としやすい項目です。請求日が作成した当日であれば、TODAY関数を使って実現できます。

TODAY関数により請求日が自動表示されている。

　それ以外の日付項目として、支払期限が存在します。一般的に請求日の翌月末などが設定されるこの項目も、自動設定することができそうです。ChatGPTに聞いてみましょう。

> 請求書の支払期限を自動設定にしたいです。支払期限は請求日の翌月末としています。使えそうな関数を教えてください。

> 請求日の翌月末を支払期限として自動設定する場合、Excelで使用できる最適な関数は「EOMONTH」です。この関数は指定された日付から数か月後(または前)の月末日を返します。
>
> **EOMONTH関数の使用方法**
> 構文: =EOMONTH(開始日, 月数)
> 例: =EOMONTH(A2, 1) - これは、セルA2に記載された日付の翌

184

月末の日付を計算します。

支払期限の自動設定例
例えば、請求書の発行日が2023年1月15日の場合、翌月末を支払
期限とするには、=EOMONTH("2023-01-15", 1) と入力します。
これにより、2023年2月28日（または閏年の場合は2月29日）が
自動的に計算されます。

(以下略)

EOMONTH関数により支払期限が自動表示されている。

このようにChatGPTにやりたいことを伝えると、適切な関数を教えてく
れます。アイデアが浮かばないときや、Excelでどう実現できるかわからな
いときは、ChatGPTに聞いてみるとよいでしょう。教えてもらった関数を
使っていくことで「アイデアの引き出し」が増え、今よりもっと関数を使い
こなしてExcel業務を効率化することができます。

マクロで印刷作業を自動化する

入力の効率化が実現できたので、次は自動化に挑戦しましょう。例えば、
作成した請求書をPDF形式にしてメールで取引先に送信したり、印刷して
郵送したりする作業があります。このような印刷作業も自動化することが可

能です。Excelで複雑な操作を自動化するためには、「**マクロ**」の使用が一般的です。マクロとは、複数の操作を記憶し、自動化する機能です。

　Excelのマクロに関連する用語として「**VBA**（Visual Basic for Applications）」があります。VBAは、Excelを含むMS Office製品を操作するプログラミング言語です。マクロとVBAはよく混同されますが、マクロは自動化という目的（機能）であり、VBAはその目的を実現する手段であるといえます。

（図6-4）**マクロとVBAの違い**

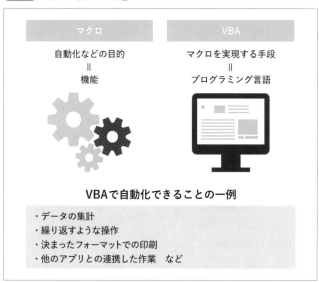

ChatGPTにVBAによる印刷を依頼する

　印刷処理を自動化する場合、以下のような一連の操作をマクロで実行します。

- 「ファイル」タブから「プリント」を選択
- プリンタの選択
- 印刷範囲の設定
- プリントボタンのクリック

これらを実現するためにはVBAというプログラミング言語を学ぶ必要があります。ここではChatGPTにVBAを使ったプログラムを作成してもらいましょう。

あなたはプロのITエンジニアです。「請求書」シートを自動で印刷するVBAプログラムを作成してください。

了解しました。Excelの「請求書」シートを自動で印刷するためのVBAプログラムを作成します。このプログラムでは、特定のシートを選択し、印刷設定を行った後に印刷を実行します。

以下のステップに従って、VBAプログラムを作成します：

1. マクロの作成: Excelの「開発」タブから「Visual Basic」を開き、新しいモジュールを挿入します。
2. コードの記述: 下記のVBAコードを新しいモジュールに貼り付けます。
3. マクロの実行: Excelに戻り、「マクロ」を選択して作成したマクロを実行します。
ここに、基本的なVBAコードを示します：

```
Sub PrintInvoiceSheet()
    Dim ws As Worksheet

    ' "請求書"という名前のワークシートを探す
    Set ws = ThisWorkbook.Sheets("請求書")

    If Not ws Is Nothing Then
        ' ワークシートが見つかった場合
        With ws
            .Select
            .PrintOut Copies:=1, Collate:=True, IgnorePrintAreas:=False
        End With
    Else
        ' ワークシートが見つからなかった場合のメッセージ
        MsgBox "「請求書」シートが見つかりません。", vbExclamation
    End If
End Sub
```

> このコードは、「請求書」という名前のワークシートを探し、見つかっ
> た場合に印刷を行います。印刷設定は、必要に応じてカスタマイズし
> てください。例えば、Copies:=1 は印刷する部数を表し、これを変
> 更することができます。

　初めてマクロを作る場合、この説明は少し難しく感じるかもしれません。
しかし作り始めてみると、説明の意味が理解できるようになってきます。**「習
うより慣れよ」**というアプローチで、ChatGPTが示す手順に従ってマクロの
作成を進めてみましょう。

マクロの作成・保存・実行の手順

　まずは「1. マクロの作成」の通り、Excelの「開発」タブをクリックします。
もし「開発」タブが見当たらない場合は、次の①の設定を行う必要があります。

❶ 「Excelのオプション」画面を開き、「リボンのユーザー設定」※をクリックし、
「メインタブ」を設定する欄の「開発」のチェックボックスを選択

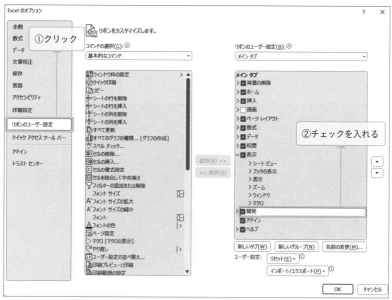

※「リボン」とは、タブを含めたさまざまな機能のボタンやメニューを表示する画面上部の領域のこと。

188

「Excelのオプション」画面を開き、「リボンのユーザー設定」※をクリックし、「メインタブ」を設定する欄の「開発」のチェックボックスを選択

すると、VBE(Visual Basic Editor)というVBAエディタが立ち上がります。「2. コードの記述」にあるように、右側の入力項目にChatGPTから出力されたプログラムを貼り付けて保存しましょう。

VBE(Visual Basic Editor)エディタの右側の入力項目に
ChatGPTから出力されたプログラムを貼り付ける

VBAを保存しようとすると、以下のようなポップアップが表示されるかもしれません。この場合、VBAを保存するにはExcelブックを「マクロ有効ブック」として保存する必要があります。その手順を解説します。

上記のようなポップアップ画面がでたら、「いいえ」を選択する。

⑤ 「名前をつけて保存」画面で、「ファイルの種類」を
「Excel マクロ有効ブック (*.xlsm)」に変更して保存

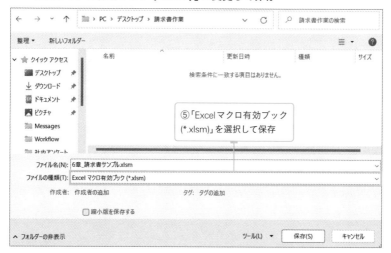

⑤「Excel マクロ有効ブック
(*.xlsm)」を選択して保存

すると、ファイル名に .xlsm という拡張子が付いたファイルが作成されます。拡張子とはファイルの種類を表す文字列です。通常の Excel は「*.xlsx」という拡張子が設定されています。

⑥ 新しく作成した「.xlsm」のファイルを開く

⑥「*.xlsm」という
拡張子のファイルを開く

「開発」タブの「マクロ」をクリック

⑦クリック

7 「PrintInvoiceSheet」という名前のマクロを選択し、
実行ボタンをクリック

たったこれだけで印刷処理の実行が完了します。

ChatGPTに印刷プログラムを解説してもらう

このプログラムをもとにVBAを学習していきます。理解を深めるために
ChatGPTに解説を依頼しましょう。

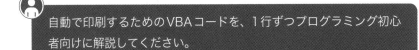

自動で印刷するためのVBAコードを、1行ずつプログラミング初心
者向けに解説してください。

もちろんです。Excelで「請求書」シートを自動で印刷するための
VBAプログラムを、プログラミング初心者の方にもわかりやすく解
説します。

（中略）

1．サブルーチンの開始:

Sub PrintInvoiceSheet(): これは「サブルーチン(Subroutine)」の
開始を宣言します。ここで定義されるのは「PrintInvoiceSheet」と
いう名前のマクロです。SubとEnd Subの間に書かれたコードが、
マクロを実行したときに動作します。

2．変数の宣言:

Dim ws As Worksheet: ここではwsという変数を宣言しています。
Dimは変数を作るための命令です。As Worksheetはwsがワーク
シート型の変数であることを意味します。変数はデータを一時的に保
存するための容器のようなものです。

3．ワークシートの設定:

Set ws = ThisWorkbook.Sheets("請求書"): この行で、現在開い
ているワークブック(ThisWorkbook)の中から「請求書」という名前
のシートを探し、そのシートをws変数に割り当てています。

(中略)

5．印刷のコマンド:

With ws ... End With: このブロック内のコードはws(請求書シー
ト)に対して実行されます。
.Select: まず、請求書シートを選択します。
.PrintOut Copies:=1, Collate:=True, IgnorePrintAreas:
=False: そして、そのシートを印刷します。ここでは印刷部数が1部、
並べ替えを行い、印刷範囲を指定しています。

(中略)

7．サブルーチンの終了:

End If: IfブロックのE終了を示します。

End Sub: サブルーチンの終了を示します。これでマクロのコードが完了します。

解説を見ると各行が何を行っているか、大まかに理解できると思います。それぞれについて解説していきますので、VBAの基本的な構造を学びましょう。

● プロシージャ（サブルーチン）の開始と終了：
「1. サブルーチンの開始」「7. サブルーチンの終了」を見てわかる通り、VBAは「Sub XXX」で始まり、「End Sub」で終わります。このコードの固まりをVBAでは「**プロシージャ（Procedure）**」と呼びます。
「Sub」の後に続くのはプロシージャの名前で、作成者が決めることができます。例えば、このプログラムでは「PrintInvoiceSheet」という名前のプロシージャが作成されています。ChatGPTの解説を見ると、「**サブルーチン（Subroutine）**」という表現を使っています。これも「コード（命令）の固まり」という意味です。プロシージャと同じことを別の言葉で言い表していると理解してください。

● 変数の宣言：
ChatGPTは変数を「データを一時的に保存するための『容器』のようなもの」であると解説しています。PythonだけでなくVBAにも変数は存在します。VBAでは「Dim 変数名」で変数を宣言できます。解説の「2. 変数の宣言」にある通り「Dim ws~」という記述は「ws」という名称の変数を作成しています。

● 変数への割り当て：
「3. ワークシートの設定」では、「Set ws~」という記述について解説しています。「Set ws~」という記述は、変数に入れたいデータの情報（参照先）を格納します。例えば、「ThisWorkbook.Sheets("請求書")」は開いているExcelファイルの「請求書」シートを指しています。

● 操作の実行：
「5. 印刷のコマンド」の解説箇所で印刷を実行していることが解説から見てとれます。「With ws~」という記述は、「End With」までの間にある命令を変数に対して連続して実行します。ここでは印刷に関連する命令が含まれ

ています。

　VBAでは、このように特定のルールに従った書き方を「**ステートメント**」
と呼びます。これらのステートメントはVBAの基本ルールであり、正しい
形式に従わないとプログラムは動作しません。
　参考までにChatGPTにどのようなステートメントが存在するか尋ねてみ
ましょう。

VBAでよく使うステートメントを表形式で教えてください。

Excel VBAでよく使用されるステートメントを表形式で説明します。
以下の表は、それぞれのステートメントの概要を示しています。

ステートメント	説明
Dim	変数を宣言し、データ型を指定します。
If...Then...Else	条件分岐を行います。条件が真の場合と偽の場合に異なるコードを実行します。
For...Next	指定した回数だけループ処理を行います。
Do...Loop	条件が満たされるまで、または満たされている間、ループ処理を行います。
Select Case	複数の条件をチェックし、それぞれに異なるコードを実行します。
With...End With	1つのオブジェクトに対して複数の操作をまとめて行います。
Function	値を返すプロシージャを定義します。
Sub	値を返さないプロシージャを定義します。
Set	オブジェクト変数にオブジェクトを割り当てます。
Exit Sub / Exit Function	サブルーチンまたは関数から早期に抜け出します。

　ここではVBAの基本的な構造について学びました。ChatGPTに質問すれ

ば、仕事で使ううえで適切なプログラムの例を提供してくれます。ただし、提供されたプログラムをそのままコピー＆ペーストしただけでは、うまく動かないこともあります。プログラムを自分の用途に合わせて応用するためには、しっかりと内容を理解することが大切です。

　VBAプログラムを学ぶ際は、1つひとつの記述がどの種類に属するのか（ステートメント、変数など）を確認することが重要です。わからない記述が出てきたら、その種類を確認し、必要に応じてChatGPTに聞いてみるとよいでしょう。

実践ガイド：Excel業務の効率化

実践例2
社内アンケートを集計しよう

　次のステップとして、VBAのさらなる活用を目指しましょう。VBAを使いこなせれば、以下のような高度な操作が可能になります。

- 複数のシートやワークブック間の処理

　例えば、特定のフォルダから複数のExcelファイルを読み込み、そのデータを1つのワークシートに統合することができます。

- カスタム関数の作成

　複雑な日付計算などを行うためのカスタム関数を作成できます。

- 他アプリケーションとの連携

　Excelで作成したメーリングリストを使用して、メール送信を自動化できます。

- データベースとの連携

　Accessデータベースからデータを読み込み、Excelで分析やレポート作成を行うこともできます。

　これらの機能を理解することで、Excel業務の効率化をさらに進めることができます。VBAの学習は一歩踏み込んだ努力が必要ですが、その恩恵は大きいです。一緒に挑戦してみましょう。

図6-5 **学習ステップ2.VBA 応用**

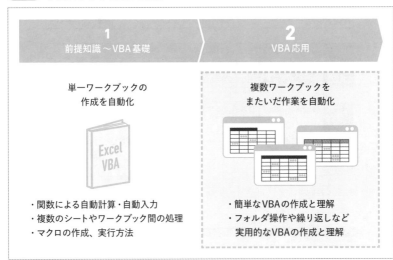

ここでは「社内アンケートの集計」を例に、マクロ/VBAの応用を学びましょう。想定するシチュエーションは、社員がExcelファイル（社内アンケート.xlsx）でアンケートに回答し、自分の氏名をファイル名に入れて、指定のフォルダに提出するというものです。目標は、これらのアンケート結果を別のExcelファイル（集計.xlsm）にまとめて、分析できる形にすることです。

名前	更新日時	種類	サイズ
アンケート_伊藤大輔.xlsx	2023/11/21 10:02	Microsoft Excel ワ...	11 KB
アンケート_高橋悠子.xlsx	2023/11/21 10:02	Microsoft Excel ワ...	11 KB
アンケート_佐藤雅子.xlsx	2023/11/21 10:02	Microsoft Excel ワ...	11 KB
アンケート_山田英明.xlsx	2023/11/21 10:02	Microsoft Excel ワ...	11 KB
アンケート_中村和也.xlsx	2023/11/21 10:02	Microsoft Excel ワ...	11 KB
アンケート_田中美佳.xlsx	2023/11/21 10:02	Microsoft Excel ワ...	11 KB
アンケート_渡辺亜美.xlsx	2023/11/21 10:02	Microsoft Excel ワ...	11 KB
アンケート_鈴木健太.xlsx	2023/11/21 10:02	Microsoft Excel ワ...	11 KB

« デスクトップ > 社内アンケート > 提出先　　∨　C　　⌕ 提出先の検索

社員が回答したアンケートを入れていくための提出先のフォルダ（同様の状態を再現する場合は、付属データの社内アンケート（Excel）を編集・コピーしてください）。

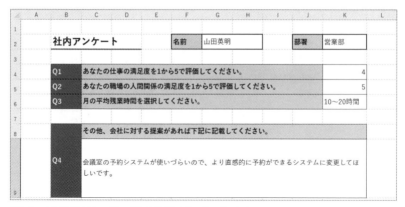

アンケート回答用のExcelファイルの例（社内アンケート.xlsx）

	A	B	C	D	E	F	G
1		名前		部署	Q1	Q2	Q3	Q4
2	1						
3	2						
4	3						
5	4						
6	5						
7	6						
8	7						
9	8						
10	9						
11	10						
12	11						
13	12						
14	13						
15	14						
16	15						
17	16						
18	17						
19	18						
20	19						
21	20						

結果集計用のExcelファイルの例（集計表.xlsm）

　上記のExcelファイルは9ページに記載のURLからダウンロードできます。

　手作業でこの集計を行う場合、以下のステップが必要です。

- 提出されたファイルを1つずつ開く
- 回答結果をコピーする
- それを集計ファイルに転記する
- すべてのファイルでこの作業を繰り返す

　この例のように複数のExcelファイルに散らばったデータを収集したいと

いうケースはしばしば発生します。手作業で多数のExcelファイルからデータを収集するのは時間がかかります。ここでマクロ／VBAを使った自動化を学ぶことで、ファイルに記載された内容を効率的に扱い、データ集計・分析・レポート作成を短時間で行うことができます。

他のファイルからデータを収集する

まずは、結果集計用のExcelファイル（集計表.xlsm）からアンケート回答用のExcelファイル（社内アンケート.xlsx）の1つを開き、そこに記載されている内容を集計対象の表に入れましょう。ChatGPTに以下のような質問をしてみてください。

> あなたはプロのITエンジニアです。
> 「集計.xlsm」のB2セルに、異なるExcelファイル「アンケート_山田英明.xlsx」のG2の値を取得して入れるVBAプログラムを作成してください。

> 了解しました。ExcelのVBAプログラムを作成して、特定のセルからのデータを別のExcelファイルの特定のセルに転送する方法を示します。
>
> （中略）

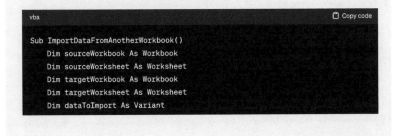

```vba
Sub ImportDataFromAnotherWorkbook()
    Dim sourceWorkbook As Workbook
    Dim sourceWorksheet As Worksheet
    Dim targetWorkbook As Workbook
    Dim targetWorksheet As Worksheet
    Dim dataToImport As Variant
```

```
    ' 現在開いているワークブック（集計.xlsm）を設定
    Set targetWorkbook = ThisWorkbook
    ' 対象のシート名に置き換えてください
    Set targetWorksheet = targetWorkbook.Sheets("シート名")

    ' ソースファイル（アンケート_山田英明.xlsx）を開く
    Set sourceWorkbook = Workbooks.Open("C:\path\to\アンケート_山田英明.xlsx")
    ' ソースファイルのシート名に置き換えてください
    Set sourceWorksheet = sourceWorkbook.Sheets("シート名")

    ' ソースファイルからデータを取得
    dataToImport = sourceWorksheet.Range("G2").Value

    ' 取得したデータを集計.xlsmのB2セルにセット
    targetWorksheet.Range("B2").Value = dataToImport

    ' ソースワークブックを閉じる
    sourceWorkbook.Close False
End Sub
```

このコードを使用するには、以下の手順に従ってください：

・コード内のtargetWorksheetとsourceWorksheetのシート名を
適切なものに変更します。

・コード内のsourceWorkbookのパスを、ソースファイルの正確な
場所に更新します。

　作成されたプログラムを貼り付けてマクロを作成し、実行してみましょう。
またChatGPTの指示の通り、正しい「パス」の書き換えを行います。パスとは、
ファイルやフォルダの場所を示す情報です。Windowsでは、通常「C:¥」で
始まる文字列がパスです。エクスプローラーで対象ファイルの格納先を表示
すると、このパスを確認できます。

図6-6 **新しいマクロを作成する**

188～191ページを参照し、マクロを実行

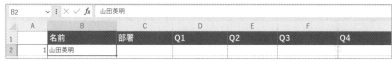

マクロを 実行した結果、名前が集計表に入力された。

　アンケート回答用のExcelファイル（社内アンケート.xlsx）から名前を取得し、結果集計用のExcelファイルの表に転記することができました。このプログラムにはどのような要素が詰まっているのでしょうか？ 理解するためにChatGPTに解説を依頼しましょう。

私はプログラミング初心者です。作成されたVBAプログラムを初心者でもわかりやすいように解説してください。

もちろんです。作成したVBAプログラムをステップ・バイ・ステップで解説します。

解説

1. プログラムの宣言

```vba
Sub ImportDataFromAnotherWorkbook()
```

これはサブルーチン (Sub) の開始を意味します。サブルーチンは VBAにおける一連の命令の集まりです。ここでのImportData FromAnotherWorkbookはこの特定のサブルーチンの名前です。

2. 変数の宣言

```vba
Dim sourceWorkbook As Workbook
Dim sourceWorksheet As Worksheet
Dim targetWorkbook As Workbook
Dim targetWorksheet As Worksheet
Dim dataToImport As Variant
```

これらの行では、プログラムで使用される変数を宣言しています。変数はデータを保存するための容器のようなものです。例えば、sourceWorkbook や targetWorkbook はExcelのワークブックを表し、sourceWorksheet や targetWorksheet はワークシートを表します。

3. 現在のワークブックの設定:

```vba
Set targetWorkbook = ThisWorkbook
Set targetWorksheet = targetWorkbook.Sheets("シート名")
```

ThisWorkbook は現在開いているワークブックを指します。このコード行は、そのワークブックとその中の特定のシート ("シート名"を適切な名前に置き換えて) を設定しています。

4. ソースファイルのオープン:

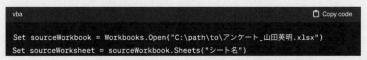

```vba
Set sourceWorkbook = Workbooks.Open("C:\path\to\アンケート_山田英明.xlsx")
Set sourceWorksheet = sourceWorkbook.Sheets("シート名")
```

ここでは、Workbooks.Openメソッドを使用して特定のパスにあるExcelファイル (ソースファイル) を開き、その中の特定のシートを選

択しています。

5. データの取得:

```vba
dataToImport = sourceWorksheet.Range("G2").Value
```

この行では、ソースワークシートのG2セルから値を読み取り、それ
をdataToImport変数に保存しています。

6. データの転送:

```vba
targetWorksheet.Range("B2").Value = dataToImport
```

ここで、取得したデータ (dataToImportに保存されている) を現在
のワークブックの指定されたセル (B2) に設定しています。

(以下略)

　このプログラムでとくに重要なのは、Excelファイルを開き、開いた
ファイルから特定のセルの値を取得する部分です。この処理は主
に解説の「4. ソースファイルのオープン」と「5. データの取得」で行ってい
ることがわかります。「Workbooks.Open」はファイルを開く関数であり、
「sourceWorksheet.Range("G2").Value」でシートのG2のセルの値が取得で
きます。
　「**Workbooks**」と「**Sheets**」は、オブジェクトと呼ばれるものです。
Chapter 5でも出てきましたが、オブジェクトはコンピュータの世界におい
て「モノ」を表す言葉で、Workbooksはファイル全体、Sheetsはシート全体
を表すオブジェクトです。「**Open**」は、オブジェクトに対して命令を与える
メソッドで、ここではファイルを開く指示をしています。「**Value**」は、オブジェ
クトの特定の属性を示すプロパティで、ここではセルの値を意味します。

メソッドやプロパティには多くの種類があります。例えばWorkbooksオブジェクトのメソッドについて、ChatGPTに聞いてみましょう。

VBAでよく使用する「Workbooksオブジェクトのメソッド」を表形式で教えてください。

VBAでよく使用される「Workbooksオブジェクトのメソッド」について、以下の表で説明します。

メソッド名	説明
Add	新しいワークブックを追加します。
Close	開いているワークブックを閉じます。
Open	ワークブックを開きます。
Save	ワークブックを保存します。
SaveAs	ワークブックを新しい名前や形式で保存します。
Copy	ワークブックをコピーします。
Activate	特定のワークブックをアクティブにします。
PrintOut	ワークブックを印刷します。
PrintPreview	ワークブックの印刷プレビューを表示します。

VBAプログラミングで使われるオブジェクト、メソッド、プロパティは覚えるのが大変だと感じるかもしれませんが、重要なのは暗記することよりも実際に使ってみることです。やりたいことを出発点に、どのようにすればよいかを検索したり、ChatGPTに質問したりすることで、目的を達成するためにどのようなオブジェクトやメソッド、プロパティを使えばよいかを効率的に学べます。

ExcelVBAは日々の仕事で非効率な部分など、解決したいこと・やりたいことを生み出しやすいので、実践を通して学ぶ「習うより慣れよ」のアプローチがとくに効果的です。

複数セルのデータを取得する

アンケート回答用のExcelファイル（社内アンケート.xlsx）から1つの値を取得できました。同じ要領で、集計に必要なすべての値を取得するプログラムに改善しましょう。

作成してもらったプログラムを、以下条件の通りに改善してください。

#条件
「アンケート_山田英明.xlsx」のG2の値を取得し「集計.xlsm」のB2に設定したのと同様に
・K2の値をC2へ
・K4の値をD2へ
・K5の値をE2へ
・K6の値をF2へ
・C9の値をG2へ

指定された条件に従って、ExcelのVBAプログラムを改善します。このプログラムは、「アンケート_山田英明.xlsx」から複数のセルの値を取得し、「集計.xlsm」の指定されたセルにそれぞれ配置します。

以下が改善されたVBAコードです。

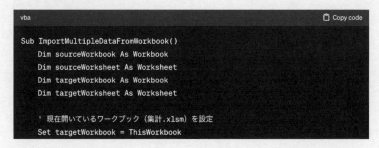

```vba
Sub ImportMultipleDataFromWorkbook()
    Dim sourceWorkbook As Workbook
    Dim sourceWorksheet As Worksheet
    Dim targetWorkbook As Workbook
    Dim targetWorksheet As Worksheet

    ' 現在開いているワークブック（集計.xlsm）を設定
    Set targetWorkbook = ThisWorkbook
```

```
' 対象のシート名に置き換えてください
Set targetWorksheet = targetWorkbook.Sheets("シート名")

' ソースファイル（アンケート_山田英明.xlsx）を開く
Set sourceWorkbook = Workbooks.Open("C:\path\to\アンケート_山田英明.xlsx")
' ソースファイルのシート名に置き換えてください
Set sourceWorksheet = sourceWorkbook.Sheets("シート名")

' ソースファイルから複数のデータを取得し、対応するセルにセット
targetWorksheet.Range("B2").Value = sourceWorksheet.Range("G2").Value
targetWorksheet.Range("C2").Value = sourceWorksheet.Range("K2").Value
targetWorksheet.Range("D2").Value = sourceWorksheet.Range("K4").Value
targetWorksheet.Range("E2").Value = sourceWorksheet.Range("K5").Value
targetWorksheet.Range("F2").Value = sourceWorksheet.Range("K6").Value
targetWorksheet.Range("G2").Value = sourceWorksheet.Range("C9").Value

' ソースワークブックを閉じる
sourceWorkbook.Close False
End Sub
```

(以下略)

図6-8 集計に必要な値を取得するマクロを作成する

マクロを 実行した結果、すべての項目が集計表に入力された。

ChatGPTに改善内容を伝えて、図6-8のようにセルから複数の値をとるプログラムを作成できました。実行するだけですべての項目を集計できます。このように実現したいことを小分けにし、ChatGPTに改善を伝えていくことで、ステップ・バイ・ステップで処理を実現することができます。

特定のフォルダ配下のファイル名一覧を取得する

特定のファイルからセルのデータを取得し、表に入力することはできましたが、今回は複数のアンケートを取り込む必要があります。次は単一ファイルのデータ取得に加えて、フォルダ内のすべてのファイルに対して同様の入力処理を行う必要があります。このような繰り返し処理を含むプログラムの作成に挑戦し、Excel VBAの応用能力を高めましょう。

フォルダ内のファイルごとにデータ処理を行うためには、次の手順が必要です。

● フォルダ内にある全ファイルのパスを取得する
● 取得したパスからファイルを開き、必要なデータを抽出する
● 抽出したデータを1行ずつ移動して該当のセルに入力していく

このプロセスを実現するためには、既存のプログラムを改良する必要があります。具体的な改善方法をChatGPTに相談してみましょう。

作成してもらったプログラムを、以下の条件の通りに改善してください。

#条件
・「提出先」フォルダのすべてのファイルの値を取得する
・ファイルごとに取得した値は2行目から始まり、3、4…と行を変えて入力する

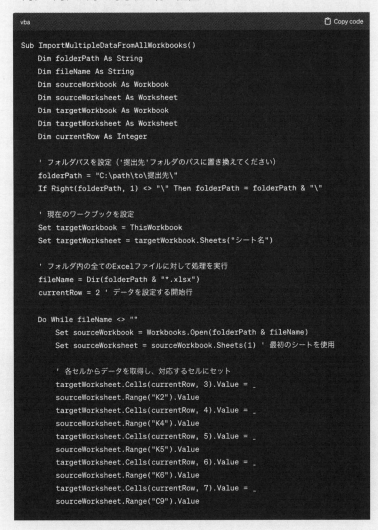

指定された条件に従って、提供されたVBAプログラムを改善します。この改善されたプログラムは、「提出先」フォルダ内のすべてのExcelファイルから特定のセルのデータを取得し、現在のワークブックの連続する行にデータを設定します。各ファイルから特定のセル（G2, K2, K4, K5, K6, C9）のデータを取得し、それぞれB列、C列、D列、E列、F列、G列の対応する行に配置します。

```vba
Sub ImportMultipleDataFromAllWorkbooks()
    Dim folderPath As String
    Dim fileName As String
    Dim sourceWorkbook As Workbook
    Dim sourceWorksheet As Worksheet
    Dim targetWorkbook As Workbook
    Dim targetWorksheet As Worksheet
    Dim currentRow As Integer

    ' フォルダパスを設定（'提出先'フォルダのパスに置き換えてください）
    folderPath = "C:\path\to\提出先\"
    If Right(folderPath, 1) <> "\" Then folderPath = folderPath & "\"

    ' 現在のワークブックを設定
    Set targetWorkbook = ThisWorkbook
    Set targetWorksheet = targetWorkbook.Sheets("シート名")

    ' フォルダ内の全てのExcelファイルに対して処理を実行
    fileName = Dir(folderPath & "*.xlsx")
    currentRow = 2 ' データを設定する開始行

    Do While fileName <> ""
        Set sourceWorkbook = Workbooks.Open(folderPath & fileName)
        Set sourceWorksheet = sourceWorkbook.Sheets(1) ' 最初のシートを使用

        ' 各セルからデータを取得し、対応するセルにセット
        targetWorksheet.Cells(currentRow, 3).Value = _
        sourceWorksheet.Range("K2").Value
        targetWorksheet.Cells(currentRow, 4).Value = _
        sourceWorksheet.Range("K4").Value
        targetWorksheet.Cells(currentRow, 5).Value = _
        sourceWorksheet.Range("K5").Value
        targetWorksheet.Cells(currentRow, 6).Value = _
        sourceWorksheet.Range("K6").Value
        targetWorksheet.Cells(currentRow, 7).Value = _
        sourceWorksheet.Range("C9").Value
```

```
        ' 次の行に移動
        currentRow = currentRow + 1

        ' ソースワークブックを閉じる
        sourceWorkbook.Close False

        ' 次のファイル名を取得
        fileName = Dir()
    Loop
End Sub
```

(以下略)

　出力されたプログラムで新たなマクロを作り、実行してみましょう。フォルダのパス (folderPath変数) は、実際のパスに合わせて変更してください。

```
Sub ImportMultipleDataFromAllWorkbooks()
    Dim folderPath As String
    Dim fileName As String
    Dim sourceWorkbook As Workbook
    Dim sourceWorksheet As Worksheet
    Dim targetWorkbook As Workbook
    Dim targetWorksheet As Worksheet
    Dim currentRow As Integer

    ' フォルダパスを設定 ('提出先'フォルダのパスに置き換えてください)
    folderPath = "C:\Users\xxx\Desktop\社内アンケート\提出先"
    If Right(folderPath, 1) <> "\" Then folderPath = folderPath & "\"

    ' 現在のワークブックを設定
    Set targetWorkbook = ThisWorkbook
    Set targetWorksheet = targetWorkbook.Sheets("集計")    ' 対象のシート名に置き換えてください

    ' フォルダ内の全てのExcelファイルに対して処理を実行
    fileName = Dir(folderPath & "*.xlsx")
    currentRow = 2 ' データを設定する開始行

    Do While fileName <> ""
        Set sourceWorkbook = Workbooks.Open(folderPath & fileName)
        Set sourceWorksheet = sourceWorkbook.Sheets(1)    ' 最初のシートを使用

        ' 各セルからデータを取得し、対応するセルにセット
        targetWorksheet.Cells(currentRow, 2).Value = sourceWorksheet.Range("G2").Value
        targetWorksheet.Cells(currentRow, 3).Value = sourceWorksheet.Range("K2").Value
        targetWorksheet.Cells(currentRow, 4).Value = sourceWorksheet.Range("K4").Value
        targetWorksheet.Cells(currentRow, 5).Value = sourceWorksheet.Range("K5").Value
```

すべてのファイルの値を取得するマクロ。

　このようにマクロを作成して実行してみると、次の通りフォルダの中にあるすべてのファイルからアンケートの全項目を取得して情報を収集できました。

	名前	部署	Q1	Q2	Q3	Q4
1	中村和也	総務部		2	2	10～20時間 / 業務に対する相談窓口を設けてほしい。
2	伊藤大輔	営業部	4		5	10～20時間 / 会議室の予約システムが使いづらいので、より直感的に予約できるシステムに変更してほしいです。
3	佐藤雅子	経理部	4		2	10～20時間 / 忙しい人とそうでない人の差があると思う。
4	山田英明	営業部	4		5	10～20時間 / 会議室の予約システムが使いづらいので、より直感的に予約できるシステムに変更してほしいです。
5	渡辺亜美	開発部	3		3	10～20時間 / テレワークは部署ごとに日数や曜日を決めるなどルールを設定してはどうか。
6	田中美佳	営業部	5		5	40時間以上 / 特にありません。
7	鈴木健太	開発部	5		5	10時間以下 / 特になし
8	高橋悠子	営業部	2		5	10～20時間 / 社員のキャリアの希望に沿った業務や部署配置をしてほしい。

マクロを実行した結果、すべてのファイルの値が集計表に入力された。

こちらも ChatGPT に解説を依頼します。

作成された VBA プログラムを初心者でもわかりやすいように解説してください。

もちろんです。提供された VBA プログラムは、特定のフォルダ内のすべての Excel ファイルからデータを取得し、それらを現在開いているワークブックの連続する行に配置するためのものです。プログラムを 1 つずつ分解して説明します。

（中略）

・フォルダ内のファイルを処理するループ：

```vba
fileName = Dir(folderPath & "*.xlsx")
currentRow = 2
Do While fileName <> ""
```

Dir 関数は指定されたパスのファイル名を返します。ここでは、拡張子が.xlsx のすべてのファイル名を取得します。currentRow はデータの挿入を開始する行を設定します。Do While ループは fileName が空になるまで繰り返されます。

・ソースファイルの開始とデータの取得：

```vba
Set sourceWorkbook = Workbooks.Open(folderPath & fileName)
Set sourceWorksheet = sourceWorkbook.Sheets(1)

targetWorksheet.Cells(currentRow, 3).Value = sourceWorksheet.Range("K2").Value
...
currentRow = currentRow + 1
```

ここで、各ファイルを開いて最初のシートを取得し、特定のセル（G2,
K2, K4, K5, K6, C9）からデータを読み取り、現在のワークシートの
指定された列（B, C, D, E, F, G）のcurrentRow行にデータを設定しま
す。その後、currentRowをインクリメントして次の行に移動しま
す。

・ソースワークブックのクローズと次のファイルへの移動：

```vba
sourceWorkbook.Close False
fileName = Dir()
Loop
```

各ファイルの処理が終わったら、それを閉じて次のファイル名を取得
します。LoopはfileNameが空になるまで繰り返されます。
処理が終わったファイルは閉じて、次のファイルに進みます。

(以下略)

　このプログラムでは、繰り返し処理がキーポイントです。繰り返しを行う
際には、「**Do While ... Loop**」という構文が使われます。この構文は以下の
ようになります。

```
Do While 条件式
    繰り返したい処理
Loop
```

　このプログラムでは、「fileName <> ""」という条件式が使われており、これは「fileName」という変数が空でない限り（何らかの値が設定されている限り）処理を繰り返すことを意味します。filenameの中身は、「Dir(folderPath & "*.xlsx")」というコマンドを使って、特定のフォルダ内にあるすべてのExcelファイル名が設定されます。

　処理の最後に「fileName = Dir()」と記述されており、これはまだ処理されていないファイル名を取得するためのものです。すべてのファイルを処理し終えると、「fileName = Dir()」を実行してもファイル名は取得できず、結果的にfileNameは空（""）になります。つまり、このプログラムは**フォルダ内のすべてのExcelファイルを処理し終えるまで繰り返されます**。

　繰り返し処理の中では、アンケート回答用のExcelファイルを開いてG2セルの値を取得し、集計シートにその値を書き込んでいます。書き込む位置は「targetWorksheet.Cells(currentRow, 2).Value」で指定されており、ここでCellsメソッドを使って行（currentRow）と列（2）を指定します。繰り返し前に「currentRow = 2」と2行目を指定されていて、処理が繰り返されるたびに「currentRow = currentRow + 1」を実行して、3, 4……とカウントアップすることで次の行へ移動して書き込みを行います。

　これで社内アンケートの集計マクロの作成が完了しました。この例のように、ワークブック間でデータをやりとりする処理ができるようになると、マクロの使用の幅が格段に広がります。また、繰り返し処理を駆使すれば、日常業務の多くを自動化できるでしょう。

自動化を極める

ここではVBAを使ったExcel業務の自動化を紹介しましたが、Pythonなど他の多くのプログラミング言語でもExcel操作と自動化が可能です。また最近ではRPA（ロボティック・プロセス・オートメーション）のようなノーコード・ローコードの開発ツールも増え、業務の自動化がより手軽になっています。

しかし、選択肢が増えて手軽になっても、誰でも簡単に自動化を実現できるわけではありません。なぜかというと、自動化のための汎用的なスキル・経験が不足しているためです。例えばそれは、やりたいことを1つひとつの処理に分解し、手順化するスキルなどが挙げられます。

VBAのプログラミングを学ぶことは、**他の自動化ツールを使った作業にも応用できるベーシックスキルを身に付けることができます。** もし条件式の設定や変数の繰り返し処理中の変化が理解しにくい場合は、Chapter 3の09節を参考にして、変数の変化をビジュアル化すると理解が進むでしょう。プログラミングで業務を自動化できる箇所を見つけて、多くの業務の自動化に挑戦してみてください。

実践ガイド：Excel業務の効率化

Chapter 7

実践ガイド：

Pythonによるデータ分析

プログラミングで
データ分析スキルを高める

　近年、データを活用して業務やビジネスを改善する取り組みが増えています。そのため、データ分析スキルを身に付けることは、デジタル時代に活躍するための有力なアプローチです。

　多くの人が仕事でデータを扱う際にExcelを利用しています。しかしExcelは小規模なデータや簡単な分析に適していますが、処理できるデータ量に制限があるなど、できることに限界があります。例えば、「データ量が多すぎて、Excelがフリーズしてしまった」という経験をしたことがあるかもしれません。

　こうした場合、Pythonを使ったデータ分析が有効です。**Pythonはデータ分析で広く使われているプログラミング言語で、大量のデータや複雑な処理もこなせます**ので、より発展的な分析が可能です。

　Pythonを使ってデータ分析できる人材はほんの一握りです。「今のやり方を超える分析がしたい」「データ分析で自分の価値を高めたい」という方にとって、Pythonによるデータ分析スキルを身に付けることは大きな一歩になります。一方で、Pythonを使ったデータ分析は難しそうに感じるため、始めるのに躊躇していた人も多いでしょう。しかし、ChatGPTを活用すれば、スムーズにスタートをきることができます。

　本章はそのようなビジネスパーソンのためのPythonによるデータ分析の実践ガイドです。2つのステップでPythonによるデータ分析に挑戦できます。

① Python分析フローを体験

　まず、一般的な分析フロー（データ準備〜分析〜可視化）をPythonで実行したら、どのような作業になるかを体験します。ChatGPTを使って分析用のPythonプログラムを作成し、そのプログラムを理解します。

② 高度な分析に挑戦

さらに、Pythonで実現できるさまざまな分析方法や可視化に挑戦してみましょう。Pythonによるデータ分析の幅広さを体感することで、データ分析をするときにはExcelではなくPythonを使ってみたくなるかもしれません。

図7-1 Pythonを使ったデータ分析による学習の2ステップ

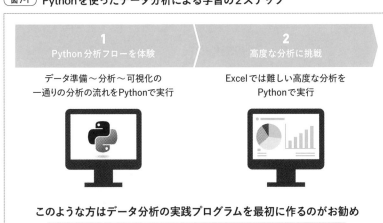

1　Python分析フローを体験
データ準備〜分析〜可視化の
一通りの分析の流れをPythonで実行

2　高度な分析に挑戦
Excelでは難しい高度な分析を
Pythonで実行

このような方はデータ分析の実践プログラムを最初に作るのがお勧め

・プログラミングでデータ分析・AI活用にチャレンジしてみたい方
・プログラミングの基本的な文法は学び終え、
　次に習得することを探している方・Pythonを学ぼうと考えている方

環境準備（Google Colaboratory）

本章では環境構築のためにPythonを実行できる「Google Colaboratory」（略称：Google Colab、グーグル・コラボ）を活用します。Google Colabは、ブラウザ上でPythonのプログラムを作成し、実行できるプラットフォームです。ブラウザ上で動くため、Pythonや他のライブラリをインストールする必要はありません。Googleアカウントがあれば誰でも簡単に使い始められます。

これから、Google Colabの使い方を1つずつ説明しながら、環境の準備

を進めていきます。プログラムの書き方から実行まで、ステップ・バイ・ステップで学んでいきましょう。

1 Google アカウントにログインしたうえで、公式サイト
（https://colab.research.google.com/notebooks/intro.ipynb）にアクセス

2 チュートリアル画面が表示される。
「ファイル」→「ノートブックを新規作成」を選択

3 コードの入力画面にサンプルコード「print("Hello World!")」と入力

4 コード入力画面左の実行ボタン「▶」をクリック。
コードが実行されて下に結果が表示される

Google Colabの入力の基本動作は以上です。環境準備が完了したので、これから実践にとりかかりましょう。

Chap
7

実践ガイド：Pythonによるデータ分析

実践例　ガソリンスタンドの売上データの分析

　最初に、Pythonを使ったデータ分析の基本的な手順を実践し、そのプロセスを学びましょう。また、ChatGPTが作成した分析プログラムを読み解きながら、その構造や動作について理解を深めていきます。

　今回の実践例では、**「ガソリンスタンドの売上データ」の分析**を行います。実際のビジネスシーンでは、日々の売上データから「どの商品がよく売れているか」「地域ごとに売上のトレンドが違うのか」などを探るためにデータ分析がよく用いられます。売上データの分析は代表的なユースケースであるといえるでしょう。

　本章では売上のサンプルデータをCSVファイル形式（各項目がカンマ (,) で区切られたデータ）で用意しました。9ページに記載のURLからダウンロードして利用できます。なお、もし自身で持っている売上データがあれば、それを使ってもかまいません。

購入日	店舗	顧客タイプ	燃料の種類	単価	販売量（リットル）	売上	月
2023-01-01	A支店	新規	ハイオク	194.0	50.0	9700.0	1.0
2023-01-01	A支店	新規	レギュラー	169.0	68.0	11408.0	1.0
2023-01-01	A支店	新規	軽油	122.0	52.0	6344.0	1.0
2023-01-01	A支店	リピート	ハイオク	210.0	15.0	3150.0	1.0
2023-01-01	A支店	リピート	レギュラー	154.0	52.0	8085.0	1.0
2023-01-01	A支店	リピート	軽油	135.0	35.0	4738.0	1.0
2023-01-01	B支店	新規	ハイオク	198.0	43.0	8514.0	1.0
2023-01-01	B支店	新規	レギュラー	176.0	46.0	8026.0	1.0
2023-01-01	B支店	新規	軽油	125.0	43.0	5362.0	1.0
2023-01-01	B支店	リピート	ハイオク	186.0	33.0	6138.0	1.0
2023-01-01	B支店	リピート	レギュラー	175.0	52.0	9030.0	1.0
2023-01-01	B支店	リピート	軽油	150.0	23.0	3510.0	1.0
2023-01-01	C支店	新規	ハイオク	210.0	26.0	5460.0	1.0
2023-01-01	C支店	新規	レギュラー	159.0	69.0	10971.0	1.0
2023-01-01	C支店	新規	軽油	143.0	47.0	6692.0	1.0
2023-01-01	C支店	リピート	ハイオク	197.0	44.0	8668.0	1.0
2023-01-01	C支店	リピート	レギュラー	158.0	40.0	6399.0	1.0

ガソリンスタンドの売上データの csv ファイル（gas_station_sales_data.csv）。

図7-2 学習ステップ1.Python分析フローを体験

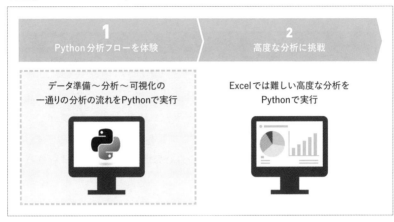

データを読み込む

データ分析を始める第一歩として、分析対象のデータを読み込むことが必要です。ChatGPTを使って進めていきましょう。

あなたはプロのITエンジニアです。Google Colabを使って、CSVを読み込むプログラムを作成してください。

Google ColabでCSVファイルを読み込むための基本的なPythonプログラムを説明します。この例では、Pandasライブラリを使用します。Pandasはデータ分析に非常に便利なツールで、CSVファイルの読み込みと操作を簡単に行うことができます。

1. Google Colabを開く： まず、Google Colabを開き、新しいノートブックを作成します。

2. Pandasライブラリをインポート: 新しいセルに以下のコードを入力し、実行してPandasをインポートします。

```python
import pandas as pd
```

3. CSVファイルのアップロード: Google Colab に CSV ファイルをアップロードするには、左側のサイドバーにあるファイルアイコンをクリックして、「アップロード」ボタンを使用します。ファイルをアップロードすると、そのファイルはColabの仮想マシン上に保存されます。

4. CSVファイルを読み込む: CSV ファイルを読み込むには、以下のコードを使用します。ここで「your_file.csv」は読み込みたいファイル名に置き換えてください。

```python
file_path = 'your_file.csv'  # CSVファイルのパス
df = pd.read_csv(file_path)
```

5. データの確認: データが正しく読み込まれたかを確認するために、最初の数行を表示します。

```python
df.head()
```

まずは、「1. Google Colabを開く」「2. Pandasライブラリをインポート」の通り、作成された「import pandas as pd」のコードを Google Colab のノートブックに入力し、実行します。

「**pandas**」はデータ分析のためのライブラリです。pandasを使うと Python のプログラム上でデータを Excel のような表形式で扱うことができます。

図7-3 「import pandas as pd」の実行

次に「3．CSVファイルのアップロード」を行います。Google Colabの左サイドバーのフォルダボタンを選ぶと、ファイルエクスプローラーが表示されます。

アップロードボタンをクリックし、サンプルデータ（gas_station_sales_data.csv）をアップロードしてください。

アップロードしたファイルが、時間を置くとなくなってしまうことがあるかもしれません。これは、使用している環境（ランタイム）が一定期間経過後に削除されるためです。その場合は再度アップロードしてください。

図7-4 CSVファイルのアップロード

「4．CSVファイルを読み込む」にもとづいてファイルを読み込んでみましょう。そのためには、アップロードしたファイルのファイルパスを指定す

る必要があります。ファイルエクスプローラーでデータファイルを右クリック→「パスをコピー」を選択すると、ファイルパスがコピーされるので、プログラムに貼り付けてください。実行ボタンをクリックしたら、読み込み完了です。

図7-5 CSVファイルの読み込み

最後に「5. データの確認」をしてみましょう。表形式で指定した行のデータが表示されていれば成功です。ちなみに、「**head()**」は指定した行数（指定しなければ5行）を表示する関数です。

図7-6 データの確認

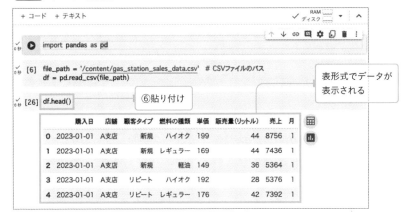

データ構造を理解する

　ここまでデータの読み込み方について解説しましたが、ただデータ分析プログラムをコピー＆ペーストするだけではなく、その仕組みを理解しておく必要があります。ここでは、**「データフレーム (DataFrame)」** という概念に焦点を当てて以下のプログラムの理解を深めます。

```
file_path = '/content/gas_station_sales_data.csv'  # CSVファイルのパス
df = pd.read_csv(file_path)
```

　「df」 という変数は、読み込んだCSVファイルのデータを表します。データフレームという、表形式のデータとして扱える状態になっています。
図7-6のようにhead()を実行すると、データフレームとしてデータを取り扱っているかを確認することができます。まずは、この表データの構造を図7-7で理解しましょう。

　横方向に並んでいるのが1件のデータです。**「行」** や **「レコード」** と呼びます。このサンプルデータでは、1回のガソリン販売によって1行のデータが作成

されています。

　縦方向に並んでいるのが、1つの項目です。項目とはデータを構成する要素を指し、このサンプルデータでは購入日、店舗、顧客タイプなどが該当します。この項目のことを「**列**」や「**カラム**」と呼びます。

　Excelの「セル」にあたる行と列を指定した1つのマスは「**要素**」や「**フィールド**」と呼びます。

　また、表データの一番上には「購入日」や「店舗」などの項目名が並んでいます。対象の列が何の項目なのかは、この項目名を見ればわかります。上部にある項目を「**ヘッダー**」と呼びます。

　表データの一番左には0から始まる数字が並んでいます。これは対象の行が何行目なのかを表しています。これを「**インデックス**」と呼びます。

（図7-7）　**データフレームオブジェクトの構造**

インデックス	ヘッダー		列・カラム		
	購入日	**店舗**	**顧客タイプ**	**燃料の種類**	**売上**
0	2023-01-01	A支店	新規	ハイオク	8756
1	2023-01-01	A支店	新規	レギュラー	7436
2	2023-01-01	A支店	新規	軽油	5364
4	2023-01-01	A支店	リピート	ハイオク	5376
	行・レコード		要素・フィールド		

　データフレームの構造や各構成要素の呼び方について理解できたら、次はこの表データを操作することでさらに理解を深めます。データの操作をするプログラムを作成・実行してその構造と操作方法を学びましょう。

> 「2行目のデータ全体」と「2行目のデータの売上」を取得するプログラムを作成してください。

2行目のデータ全体と2行目のデータの売上を取得するプログラムは以下のように作成できます。

```python
# 2行目（インデックス1）のデータ全体を取得
second_row_data = df.loc[1]

# 2行目のデータの「売上」を取得
second_row_sales = df.loc[1, '売上']

# 結果の表示
print("2行目のデータ全体:", second_row_data)
print("2行目のデータの売上:", second_row_sales)
```

作成されたプログラムを実行すると、「2行目のデータ全体」と「2行目のデータの売上」の値が表示されます。

図7-8 実行結果：2行目のデータ全体と2行目の売上の値の表示

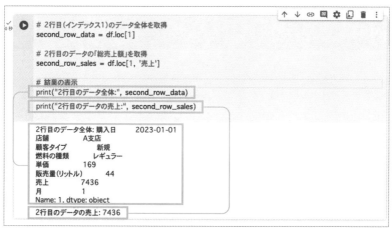

「**loc**」は表データから特定の行、列、要素の値を取得する関数です。

行の値は**df.loc['インデックス']**で取得できます。例のように2行目の行データを取得するには、df.loc[1]と記述します。[※]

1つの要素の値を取得する場合は、**df.loc['インデックス','カラム名']**と

記述します。2行目の売上の値を取得したい場合は、df.loc[1, '売上']のように記述します。

このように行や列を指定して、分析したいデータを選んで分析を進めていきます。

売上の平均値、最大値、最小値を取得する

さらにデータフレームを理解するために、読み込んだ売上データを使って基本的な集計を試してみましょう。売上の平均値、最大値、最小値を取得するプログラムを作成します。

CSVデータの売上の平均値、最大値、最小値を算出するプログラムを作成してください。
CSVのカラムは以下になります。
購入日,店舗,顧客タイプ,燃料の種類,単価,販売量(リットル),売上,月

CSVファイルの「売上」の平均値、最大値、最小値を算出するためのPythonプログラムの例を以下に示します。このプログラムは、Pandasライブラリを使用しています。

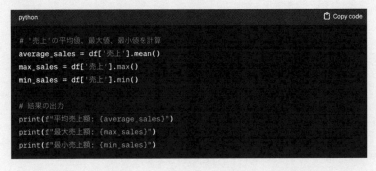

```python
# '売上'の平均値、最大値、最小値を計算
average_sales = df['売上'].mean()
max_sales = df['売上'].max()
min_sales = df['売上'].min()

# 結果の出力
print(f"平均売上額: {average_sales}")
print(f"最大売上額: {max_sales}")
print(f"最小売上額: {min_sales}")
```

※インデックスは0から始まる番号が割り振られているので、2行目の取得は「1」になります。

ChatGPTで作成されたプログラムを実行すると、以下のように売上額の平均値、最大値、最小値が算出され、出力されます。

図7-9 実行結果：売上額の平均値、最小値、最大値の算出

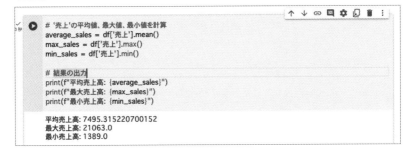

mean()は平均値、max()は最大値、min()は最小値を計算する関数です。df['カラム名']で計算対象を指定して、関数を呼び出すことができます。ここではdf['売上']と売上の項目が計算対象の列として指定され、平均値、最大値、最小値の計算がされています。

紹介した以外にも、DataFrameオブジェクトには分析のための関数が多くあります。どのようなものがあるか、ChatGPTに質問してみましょう。

> DataFrameオブジェクトでよく使用する関数を表形式にしてください。

> PandasのDataFrame (df) で頻繁に使用される関数を表形式でまとめます。これらの関数は、データ分析やデータ操作の際に役立ちます。

関数	説明
df.head(n)	データフレームの最初のn行を表示します（デフォルトは5）。
df.tail(n)	データフレームの最後のn行を表示します（デフォルトは5）。

実践ガイド：Pythonによるデータ分析

Chap
7

df.describe()	数値列の基本統計量（平均、標準偏差、最小値、最大値など）を表示します。
df.info()	データフレームのカラム、非null値の数、データ型などの概要情報を表示します。
df.mean()	数値列の平均値を計算します。
df.sum()	数値列の合計値を計算します。
df.max()	各列の最大値を見つけます。
df.groupby(col)	指定したカラムcolに基づいてデータをグループ化します。
df.sort_values(col)	指定したカラムcolに基づいてデータを並べ替えます。

　Pythonを使ったデータ分析では、データフレームの理解は欠かせません。ここで紹介した方法以外にも、さまざまなデータ操作や分析の関数があります。ぜひいろいろな機能を試してみてください。

03 分析結果を可視化する

分析結果をダウンロードする

　実際の仕事では分析して終わりではなく、得られた分析結果を再度Excel
ファイルで扱ったり、報告資料にまとめたりすることが多いでしょう。そこ
で、**分析結果の可視化**についても見ていきます。

　分析結果を手元で確認するために、まずはGoogle Colabの実行結果をダ
ウンロードしましょう。例えば、「店舗ごとの月別売上」を集計し、その結
果をダウンロードしたい場合は、次のようなプログラムを作成します。

「店舗ごとの月別売上」を算出するプログラムを作成してください。
また、Google Colabで結果をCSVとしてダウンロードするプログ
ラムとしてください。

まず、店舗ごとに月の売上を算出するためのコードです。

```python
# '店舗'と'月'に基づいてデータをグループ化し、各店舗の月ごとの売上を計算
monthly_sales = df.groupby(['店舗', '月'])['売上'].sum().reset_index()

# 結果の表示
print(monthly_sales)
```

次に、この結果をCSVファイルとしてダウンロードするためのコー
ドです。Google Colabでは、filesモジュールを使用してファイル
をダウンロードします。

Chap
7

実践ガイド：Pythonによるデータ分析

```python
from google.colab import files

# 結果をCSVファイルとして保存
output_filename = 'monthly_sales_data.csv'
monthly_sales.to_csv(output_filename, index=False)

# ダウンロードするファイルの指定
files.download(output_filename)
```

　このプログラムを実行すると、分析結果をCSVファイルとしてダウンロードできます。

図7-10 実行結果：CSVファイルのダウンロード

グラフを描画する

分析結果を可視化する方法として代表的なものがグラフ化です。Python は**グラフを描画することも得意な言語**です。先ほど算出した「店舗ごとの月別売上」の推移をグラフ化してみましょう。

「店舗ごとの月別売上」を、グラフで描画するプログラムを作成してください。

店舗ごとの月の売上をグラフで描画するためのPythonプログラムを作成することができます。このプログラムでは、Pandasライブラリと Matplotlibライブラリを使用して、データをグラフに描画します。以下にサンプルコードを示します。

```python
import pandas as pd
import matplotlib.pyplot as plt

# CSVファイルの読み込み
file_path = 'gas_station_sales_data.csv' # CSVファイルのパスを指定
df = pd.read_csv(file_path)

# '店舗'と'月'に基づいてデータをグループ化し、各店舗の月ごとの売上を計算
monthly_sales = df.groupby(['店舗', '月'])['売上'].sum().reset_index()

# 店舗ごとに月の売上をプロット
plt.figure(figsize=(15, 8))
for store in monthly_sales['店舗'].unique():
    store_data = monthly_sales[monthly_sales['店舗'] == store]
    plt.plot(store_data['月'], store_data['売上'], marker='o', label=store)
plt.title('店舗ごとの月の売上')
plt.xlabel('月')
plt.ylabel('売上')
plt.legend()
plt.show()
```

実践ガイド：Pythonによるデータ分析

matplotlib（マットプロットリブ）ライブラリはグラフ描画のためのライブラリです。ここで使用されているplt.plot()は折れ線グラフを作成するための関数です。

matplotlib.pyplotの代表的な関数を表形式にしてください。

Matplotlibのpyplotモジュールで頻繁に使用される関数を表形式でまとめます。これらの関数は、データの可視化において重要な役割を果たします。

関数	説明
plt.plot()	折れ線グラフを描画します。
plt.scatter()	散布図を描画します。
plt.bar()	棒グラフを描画します。
plt.hist()	ヒストグラムを描画します。
plt.xlabel()	x軸のラベルを設定します。
plt.ylabel()	y軸のラベルを設定します。
plt.title()	グラフのタイトルを設定します。
plt.legend()	凡例を表示します。
plt.grid()	グリッド線を表示します。
plt.show()	グラフを表示します。

グラフが文字化けしたときの対処

　作成されたプログラムを実行するとグラフが表示されます。しかし、グラフタイトルやX軸、Y軸の名称が文字化けしてしまっています。

図7-11 文字化けしたグラフ

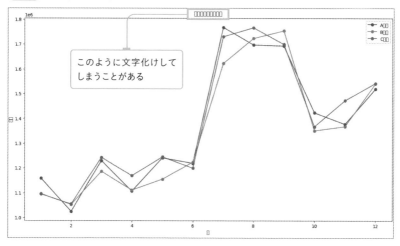

これはMatplotlibの初期設定のフォントが日本語に対応していないためです。日本語を表示するためには、**japanize_matplotlib**というライブラリを利用します。

まずはjapanize_matplotlibをインストールします。Google Colabで以下のコードを入力・実行してください。

```
!pip install japanize_matplotlib
```

図7-12 japanize_matplotlibのインストール

インストール後、次ページのように元のプログラムにjapanize_matplotlibをインポートする行を追加します。

```
import pandas as pd
import matplotlib.pyplot as plt
import japanize_matplotlib   # 日本語表示を可能にする

# CSVファイルの読み込み
file_path = 'gas_station_sales_data.csv'   # CSVファイルのパスを
指定

                （以下前述のコードと同様）
```

　この変更を加えたプログラムを実行すると、図7-13のように日本語が正しく表示されるグラフを作成できます。

図7-13 **実行結果：japanize_matplotlib が適応されたグラフ**

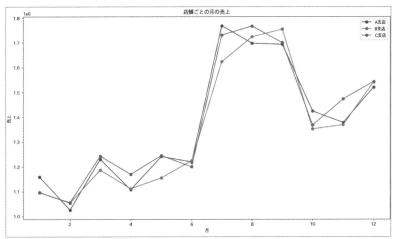

　ここまで解説してきた内容を応用できるように、作成した「店舗ごとの月別売上」を、グラフで描画するプログラムの動きについて詳しく理解しておきましょう。

月別売上の集計

　231ページのプログラムにある以下の行では「店舗ごとの月別売上」のデータを作成しています。

```
monthly_sales = df.groupby(['店舗', '月'])['売上'].sum().reset_index()
```

　この行では「店舗ごとの月別売上」のデータを作成しています。具体的には、次の3つの関数が機能しています。

- df.groupby(['店舗', '月'])

　「店舗」と「月」のカラムに基づいてグループ化します。「A支店、1月」グループ、「B支店、3月」グループといった形です。これにより、後の計算のための準備が行われます。

- ['売上'].sum()

　作成したグループ内で「売上」のカラムの値を合計します。例えば、「A支店、1月」グループの売上は、「A支店」で「1月」に記録されたすべての行の売上額の合計になります。

- reset_index()

　最後に、集計したデータに対してインデックスを設定し直しています。

折れ線グラフの作成

monthly_sales['店舗'].unique()ではデータフレームに記載されているすべての異なる店舗の名前（例えばA支店、B支店など）のリストを作成しています。このリストを1つずつループし、それぞれの店舗に対して処理を行います。

```
for store in monthly_sales['店舗'].unique():
    store_data = monthly_sales[monthly_sales['店舗'] == store]
    plt.plot(store_data['月'], store_data['売上'], marker='o', label=store)
```

作成された店舗のリスト（unique_stores）を1つずつループし、それぞれの店舗に対して処理を行います。例えば、storeがA支店の場合、A支店の1月から12月までの売上データが抽出されます（store_data）。このデータを使って、plt.plotを用いてグラフを描画しています。このようにして、B支店、C支店と順に処理を繰り返していきます。

以上、データ分析からグラフ化の一連の流れを説明しました。先に紹介した変数のように、分析はリストや表などのデータ構造を扱うことが多く、理解するのが難しいこともあります。もしわからなければ、Chapter 3の09節で紹介した通り、ChatGPTに変数のビジュアル化を依頼するとよいでしょう。

図7-14 ChatGPTによる変数のビジュアル化

実践ガイド：Pythonによるデータ分析

05 高度な分析に挑戦

　ここまでで、基本的なデータ分析のプロセスと分析プログラムの理解ができたはずです。この基礎知識を身に付けたら、次は**ChatGPTに実際に行いたい分析プログラムの作成を依頼して、「実践を通じて学ぶ」**アプローチをとるとよいでしょう。

　ここからは具体的なユースケースにもとづいて、Excelでは難しい高度な分析に挑戦します。

(図7-15) 学習ステップ2. 高度な分析に挑戦

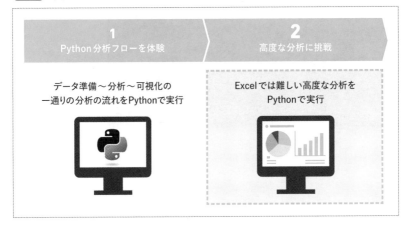

トレンドを分析する

　代表的な分析ケースの1つがトレンド（傾向）分析です。「どの商品がよく売れているか」「季節や時期によって売上が増える商品は何か」といった問題の答えを出すために、商品別（この例では燃料）の売上傾向を分析する必要があります。

gas_station_sales_data.csvのデータを使って上昇傾向にあるカテゴリーと下降傾向にある燃料の種類を分析するプログラムを作成してください。分析結果は1つのグラフに描画してください。

複数の燃料の種類ごとの販売量のトレンドを1つのグラフにまとめて表示するプログラムを作成します。

```python
import pandas as pd
import matplotlib.pyplot as plt
import japanize_matplotlib

# データ読み込みと前処理
df = pd.read_csv('gas_station_sales_data.csv')
df['購入日'] = pd.to_datetime(df['購入日'])
df['年月'] = df['購入日'].dt.to_period('M')

# データ集計
df_needed = df[['年月', '燃料の種類', '販売量（リットル）']]
sales = df_needed.groupby(['年月', '燃料の種類']).sum().reset_index()

# マーカー設定
markers = ['o', 's', '^', 'v']
types = df_needed['燃料の種類'].unique()
marker_dict = dict(zip(types, markers))

# グラフ描画
plt.figure(figsize=(12, 8))
for t in types:
    data = sales[sales['燃料の種類'] == t]
    plt.plot(data['年月'].astype(str), data['販売量（リットル）'],
            marker=marker_dict[t], markersize=10, label=t)
plt.title('燃料別の販売量トレンド')
plt.xlabel('年月')
plt.ylabel('販売量（リットル）')
plt.xticks(rotation=45)
plt.legend()
plt.grid(True)
plt.show()
```

実践ガイド：Pythonによるデータ分析

このプログラムを実行して作成したグラフが図7-16です。

図7-16 燃料の種類ごとに販売量のトレンドを示したグラフ

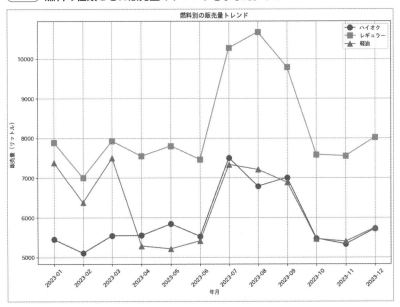

出力されたグラフから、以下のような傾向が読み取れます。

● 「レギュラー」の販売量はどの月も他の種類に比べて多い
● すべての燃料の種類において、7～9月は他の月に比べて販売量が多い傾向にある
● 「軽油」は1～3月は他の月に比べて販売量が多い傾向にある

　このようにデータからトレンドを把握することで、**新しい仮説や次の分析の方向性が見えてきます。**また、これらの傾向がなぜ生じるのかを理解することで、施策を考えることができます。データ分析を通じて反復的に行われるこれらのプロセスにより、課題解決のための重要な洞察を得ることができます。

単価と売上の関係性を分析する

　価格設定に関する分析もよく行われる例です。例えば、「価格を上げると、顧客と売上が減るのではないか」という仮説を立て、それが妥当かどうかを分析します。この分析を通じて、価格の上昇と顧客数の関係を考慮し、最適な価格設定を見つけることが目標です。

　このようなケースの場合は、価格と売上の関係を分析する**相関分析**が有効です。すでにあるデータをもとに予測を立てる「回帰モデル」という手法を用いて分析します。

燃料の種類が「ハイオク」の販売量と単価の相関関係を分析するプログラムを作成してください。
結果のグラフは散布図と回帰直線で描画してください。

「レギュラー」燃料の単価と販売量の相関関係を分析し、結果を散布図と回帰直線で表示するプログラムを作成します。この分析では、「レギュラー」燃料の単価と販売量のデータを抽出し、その相関を計算して視覚化します。

```python
import pandas as pd
import matplotlib.pyplot as plt
from sklearn.linear_model import LinearRegression
import seaborn as sns
import numpy as np
import japanize_matplotlib

# CSVファイルの読み込み
df = pd.read_csv('gas_station_sales_data.csv')

# 「レギュラー」燃料のデータを選択
df_premium = df[df['燃料の種類'] == 'レギュラー']

# 単価と販売量のデータを取得
prices = df_premium['単価']
```

```
sales = df_premium['販売量（リットル）']

# 回帰モデルの訓練
model = LinearRegression()
model.fit(prices.values.reshape(-1, 1), sales)

# 回帰直線の作成
line_x = np.linspace(prices.min(), prices.max(), 100)
line_y = model.predict(line_x.reshape(-1, 1))

# 散布図と回帰直線のプロット
plt.figure(figsize=(10, 6))
sns.scatterplot(x=prices, y=sales)
plt.plot(line_x, line_y, color='red')
plt.title('レギュラー燃料の単価と販売量の相関')
plt.xlabel('単価')
plt.ylabel('販売量（リットル）')
plt.show()
```

ChatGPTの回答にあるプログラムを実行して作成したグラフが図7-17で
す。

図7-17 **単価と販売量の相関関係をグラフ化**

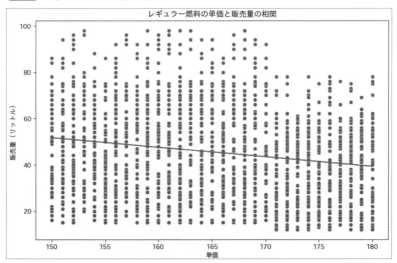

このグラフは**散布図**と呼ばれ、X軸を単価、Y軸を販売量としたときに、データが当てはまるところに点を打って示されています。また、グラフ内に引かれた直線は**回帰直線**と呼ばれ、散布図データから得られる傾向や将来の予測を行うために使用されます。この線から、レギュラー燃料の単価が上昇するにつれて、販売量が減少していく傾向が見てとれます。この気づきをもとにさらに細かく分析していくと、得たい結果を得ることができます。例えば単価がいくらになると大きく減少するのかなどを分析していくと、より最適な価格設定を行うことができます。

さまざまなグラフで表現する

Python（matplotlibライブラリ）ではさまざまなグラフを作成することができます。例えば、「**ヒートマップ**」は数値データを色の濃淡で表し、直感的にデータの強弱を理解できるグラフです。

> 燃料種別・顧客タイプ別の販売量を分析するプログラムを作成してください。結果はヒートマップで描画してください。

> 燃料種別および顧客タイプ別の売上を分析し、その結果をヒートマップで表示するプログラムを作成します。以下のコードは、同色系のグラデーションカラーパレットを使用したヒートマップを作成します。

```python
import pandas as pd
import seaborn as sns
import matplotlib.pyplot as plt
import japanize_matplotlib

# CSVファイルの読み込み
df = pd.read_csv('gas_station_sales_data.csv')

# 燃料種別と顧客タイプごとに販売を集計
sales_summary = df.pivot_table(index='燃料の種類', columns='顧客タイプ',
```

```
                        values='売上', aggfunc='sum')

# ヒートマップの作成 (同色系グラデーション)
plt.figure(figsize=(10, 6))
sns.heatmap(sales_summary, annot=True, fmt='.0f', cmap='Blues')
plt.title('燃料種別・顧客タイプ別売上ヒートマップ')
plt.xlabel('顧客タイプ')
plt.ylabel('燃料の種類')
plt.show()
```

　ChatGPTの回答にあるプログラムを実行して作成したグラフが図7-18で
す。

(図7-18) 販売量のヒートマップを作成

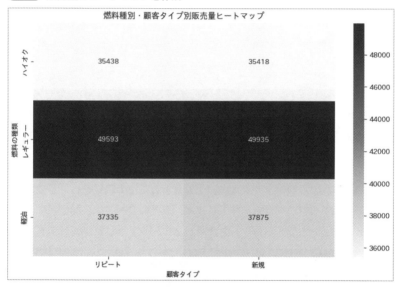

　このようにChatGPTにグラフの種類を指定すれば、指定したグラフで結
果を示すプログラムを作成してくれるでしょう。以下がChatGPTに質問し
た、代表的なグラフの種類とイメージになります。

matplotlibで描画できる代表的なグラフの種類を表形式にしてください。また、そのグラフイメージも合わせて作成してください。

Matplotlibを使用して描画できる主なグラフの種類とそのビジュアルは以下の通りです

グラフの種類	特徴
折れ線グラフ（Line Plot）	連続するデータポイントを直線でつないだグラフ。
散布図（Scatter Plot）	データポイントを個別に点でプロットしたグラフ。
棒グラフ（Bar Chart）	データの大きさを棒の長さで表したグラフ。
ヒストグラム（Histogram）	データの分布をビン（区間）ごとに集計して棒グラフで表したもの。
円グラフ（Pie Chart）	全体に対する各部分の割合を円の扇形で表したグラフ。
箱ひげ図（Box Plot）	データの分布を四分位数で示し、外れ値を点で表示したグラフ。
面グラフ（Area Plot）	折れ線グラフの下の領域を塗りつぶしたグラフ。
積み上げ棒グラフ（Stacked Bar Chart）	各棒を複数のセグメントで積み上げた棒グラフ。
ヒートマップ（Heatmap）	データの密度や頻度を色の濃淡で表現したグラフ。

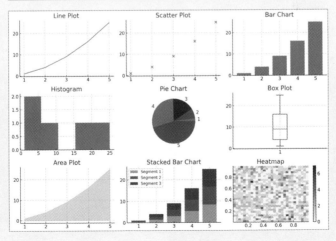

実践ガイド：Python によるデータ分析

実際の業務でデータ分析を行う際には、新しい分析のアイデアを考えたり、異なるグラフ形式を試したりすることが、データ活用スキルの向上につながります。今後のスキルアップのためにも、業務の中で実際のデータを使ってPythonによるデータ分析にチャレンジしてみることを強くお勧めします。

Chapter **8**

「ChatGPT×プログラミング」を
キャリアに生かす

プログラミングを
習得した先のキャリア

　本章では、ChatGPTを使ってプログラミングスキルを習得した後、どのようにしてキャリアに生かしていくかについて説明していきます。多くの方がプログラミングやデジタルスキルを学ぶのは、**自分のキャリア目標を達成するため**ではないでしょうか？ ITエンジニアにキャリアチェンジしたい、副業を始めたい、社内の第一人者になりたい、DX分野でリーダーシップを発揮したいなど、デジタルスキルを身に付けた先にはさまざまなキャリアの可能性が広がっています。ただ学ぶだけではなく、**明確なゴールのイメージを持ち、そこに至るプロセスを描く**ことが、効果的な学習につながります。本章では、そうしたキャリア目標のユースケースと、そこに到達するためのロードマップを紹介します。

　ビジネスパーソンがプログラミングを学び、スキルを習得した先のキャリアとして、代表的な6つのキャリアについて紹介します。

プログラミングスキルを生かせる6つのキャリア

① ITエンジニア

　プログラミングスキルを生かせる最も一般的なキャリアは、ITエンジニアになることです。ITエンジニアは常に高い需要があり、多くの企業で人材不足が続いています。そのため、他の業界からITエンジニアへのキャリアチェンジも一般的です。

● 求められるスキル
　プログラミングスキル、サービス開発の知識・スキル、学び続ける意欲が

求められます。

● キャリアへのロードマップ

　私のこれまで指導経験にもとづくと、プロのITエンジニアの入口に立つためには平均で300 ～ 400時間の学習が必要です。基本的なプログラミングスキルを身に付け、**自身でWebサービスを構築する**ことを目指しましょう。これにより、転職活動で自身のスキルをアピールできる成果物（ポートフォリオ）にすることができます。

　転職活動においては、学習した内容をしっかり理解しているかが問われます。作成したWebサービスについても、**コードの1行レベルで詳細に説明できるかどうか**質問されることもあります。また、テクノロジーの進歩は早いので、学び続ける意欲が求められます。Chapter 3と4で紹介した「生成AI時代の学習マインドセット」を持っていることをアピールすることも有効です。

　意外と見落としがちなのが、社内の配置転換によってITエンジニアになる方法です。他業種からの職種変更を支援する制度を設ける企業も増えてきました。社内での実績が評価され、転職するよりもハードルが低いことが多いです。**自分の所属している企業にITエンジニア職があれば、その意志を伝える**のも1つの方法です。意志表示の際はプログラミング学習への取り組みをアピールすると、きっと本気度が伝わります。

②　副業の獲得

　プログラミングスキルを生かして副業を始めたいと考える人は多いです。プログラミングを使った代表的な副業には、**Webサイトやランディングページの制作、ECサイトの構築、アプリの開発**などがあります。プログラミングの仕事は他の副業に比べて報酬が高い傾向にあり、これが副業として人気の理由の1つです。

● 求められるスキル

　プログラミングスキル、サービス開発の知識・スキル、案件獲得のための

ネットワーク・スキルが求められます。

● ロードマップ例

　まず、ランサーズなどの副業案件を紹介しているクラウドソーシングのサイトをチェックしてみましょう。どんな仕事があるかを調べ、自分が興味を持っている案件を特定します。その**案件を受注するのに必要なスキルを得るための学習をする**とよいでしょう。例えばWebサイト制作の副業をしてみたいと思うなら、それに必要なスキルを学ぶことが大切です。Chapter 3の02節を実践し、目標達成までの解像度を高めましょう。

　副業にするにあたって最もハードルが高いのが、案件の獲得です。クラウドソーシングサービスには多くの副業プログラマーがおり、競争が激しいため、いわば営業力が求められます。初めの一歩として、**知人から小さな仕事を受けてみる**のも1つの有効な方法です。例えば、「Webサイト制作を始めました。何かお手伝いできることがあれば、ぜひご相談ください」と周囲に声をかけてみましょう。**小さな実績を積み重ねる**ことで、リピート依頼を経て収入が安定したり、徐々に大きな案件へとつなげていくことができます。学習前もしくは学習と並行して、最初の案件獲得のための種まきを行いましょう。

③ 企業のDX推進担当

　企業はDXにますます注力しています。例えばバックオフィス業務のデジタル化や、デジタルを活用した新サービスの企画・推進、顧客獲得手法の開拓など、その役割は拡大しています。DXは企業にとっての重要な課題であり、DX推進の役割を担うことは、重要かつ魅力的なキャリアパスとなります。市場価値も高まるので、**企業内でDXを推進した経験を踏まえてキャリアアップしたい方にとっても有望なステップ**です。

● 求められるスキル

　プログラミングスキルを含むITを使いこなす力、ITエンジニアやベンダーなどとの円滑なコミュニケーション力、プロジェクト管理や要件定義スキル

が求められます。

● ロードマップ例

　普段の業務の中でITに関する知識やスキルを生かして、アピールできていると、DX推進担当として白羽の矢が立つ可能性が高まります。プログラミングを活用して、ちょっとした社内業務の自動化などでまわりを助け、成果を出すことでアピールしましょう。

　DX推進担当としての重要な役割の1つは、**社内のITエンジニアやITベンダーとの円滑なコミュニケーション**です。ここで、プログラミングの学習が大きな価意味を持ってきます。システムに関連する用語や概念を正確に理解することで、**ビジネスとITの橋渡し**役として活躍できます。したがって、ITエンジニアとの共通言語を持つことを目的として、プログラミングを習得するとよいでしょう。

④ IT/DX コンサルタント

　企業のDX化が進む中で需要が高まっている職種が、IT/DX コンサルタントです。この職種では、企業のシステム開発プロジェクトを推進したり、新しいシステムの導入を支援したりすることが主な役割です。

　IT/DX コンサルタントには、業務の流れを整理して理解できる能力と、その業務をシステム化するためのITスキルが求められます。この職種は、**自らの経験や専門知識をITの知識と組み合わせる**ことで、自身の市場価値を高める**キャリアの掛け算**を実現できるキャリアパスです。

● 求められるスキル

　プログラミングスキルを含むITを使いこなす力、プロジェクト管理や要件定義スキル、対象領域の業務経験や知識が求められます。

● ロードマップ例

　自分の専門分野や業界知識をITスキルと組み合わせてみましょう。営業職であればCRMやSFAに関するコンサルティングが適しているでしょう

し、バックオフィス業務の経験があれば、バックオフィス業務のIT化をサポートするコンサルタントが有力な選択肢です。

プログラミング学習を踏まえてシステムの成り立ちやデータの取り扱い方について理解しておくと、**「技術的な視点」を持って正しい判断ができるようになります**。例えば、顧客が実現したいシステム化の難易度を正確に見積もることができれば、プロジェクトのリスクを減らすことができます。リスクを考えられないコンサルタントと比べると、有力な武器を有することができ、価値を発揮しやすいです。

現職でシステム導入プロジェクトに関わった経験がある場合、IT/DXコンサルタントにキャリアチェンジするときのアピールポイントとなります。現在の職場でそのような機会があれば、積極的に経験を積むようにしましょう。

⑤ SaaS人材

SaaS（Software as a Service）は、クラウドベースのアプリケーションやツールを提供するサービスで、企業のDX推進に伴い急速に成長している業界です。このような**成長性の高い業界に身をおくことは、キャリアにとって好影響**です。

ITサービスを軸にしたビジネスなので、**ITエンジニアを含めてさまざまな業種と連携してビジネスを行っていく**こともSaaS企業のキャリアの魅力です。例えば営業職がマーケティング業務に関わったり、マーケティング職がサービス開発に関わるなど、自身の意欲次第では周辺業務まで幅を広げることができ、ジェネラリストとして市場価値の高いキャリアを描くことができます。

● 求められるスキル

SaaSなどITサービスの知識・利用経験、業界経験や業界知識、キャッチアップ力、ITエンジニアなどさまざまな役割とのコミュニケーションが求められます。

● ロードマップ例

IT業界とは異なる分野からSaaS企業に転職する場合、業界や職種に関する深い知識はアピールポイントになります。業界や職種の経験にもとづく深い知識は、顧客への理解に役立ち、重宝されます。自身の経験と照らし合わせて、経験をアピールできる企業をターゲットに転職活動を行うと、内定の可能性が高まります。

SaaS企業への転職活動は、**ITに関する基礎知識や素養を持っていること**もアピールポイントです。例えば営業職の場合でも、提供するSaaSへの深い理解がなければ良い成果を出すことは難しく、顧客のニーズを把握し、それを実現可能な提案に結びつける能力が求められます。プログラミングを含めたITスキルをアピールして、転職活動に臨みましょう。

⑥ スタートアップ起業家

本書の読者の皆さんの中にも将来的に起業したい方がいるのではないでしょうか？ 現在、スタートアップ業界の成長は目覚ましく、国もスタートアップへの支援を経済対策の重点施策としており、この追い風を生かして大きなチャレンジをする絶好の機会です。

スタートアップ起業家としてITサービスを立ち上げようとする場合も、**プログラミングができて、ITスキルを持っているほうが必ずアドバンテージ**になります。これは、必ずしも自分ですべてのサービス開発を行う必要があるわけではなく、技術の理解がサービスの着想や成長に直結するからです。

● 求められるスキル

プログラミングスキル、サービス開発の知識・スキル、顧客への理解や解像度の高さ、巻き込む力が求められます。

● ロードマップ例

プログラミングを学び、自らのアイデアを具体化するプロトタイプを作成することをゴールにしましょう。実際に動く形でアイデアを示すことで、顧客からのフィードバックが得やすくなり、より求められるサービスへのブ

「ChatGPT×プログラミング」をキャリアに生かす

ラッシュアップにつながります。それだけでなく仲間集めや投資家などからの資金調達においても有利に働くでしょう。

　多くのスタートアップ起業家も、**ITエンジニアではなくても自分でプロトタイプを作っています**。新しいサービスを立ち上げる"熱"を証明するためにも、自分で学んで手を動かしてサービスを作ってみてください。その熱が周囲に伝わり、多くの人を巻き込むことができます。

ChatGPT活用人材のキャリア

ChatGPTに代表される生成AIの進化は始まったばかりです。本節では未来を見据え、生成AIを活用する人材のキャリアをプログラミングに限定せず考えてみましょう。

ChatGPT時代に求められるビジネススキルの変化

Indeed Hiring Lab Japanのレポートによると図8-1の通り、生成AI関連の求人は2023年に入ってから急増しています。

(図8-1) **生成AIに関連する求人は2023年に入って急上昇**

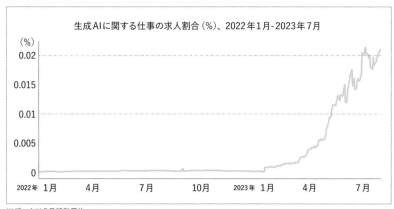

生成AIに関する仕事の求人割合（%）、2022年1月-2023年7月

※データは7日移動平均
※生成AIに関連する求人の割合推移。期間は2022年1月1日から2023年7月31日まで
出所：Indeed Hiring Lab Japan「新興労働市場：生成AIに関連する職の台頭」

求人の内訳は「ソフトウェア開発」が34%を占め、次いで「事務」（13%）、「クリエイティブ」（11%）となります。生成AIを開発するエンジニアだけでなく、生成AIの活用によってアウトプットの質を上げることができるデザ

イナーや、業務を効率化できる事務、営業、ライティング、編集、翻訳の業務などに関連するものが含まれています。生成AIを活用できる人材が求められ始めていることがわかると思います。

　数年前は「AIでなくなる仕事」は工場や接客などフィジカルな仕事だといわれていましたが、生成AIが登場してきてから、実は**デスクワークが最も影響を受けやすい**分野であるという見方が強まっています。

　生成AIを活用して非効率な作業やコミュニケーション、人手不足などの課題を克服することは、私たちビジネスパーソンの生存戦略であり、生成AI時代に求められる必須スキルとなるでしょう。

　また、「**プロンプト・エンジニア**」という新しい職業も誕生しています。これは、生成AIへのプロンプトを開発し、精度の高いコンテンツの生成や問題解決を行う職業です。DXという概念が普及して多くのプロジェクトや職業・市場が誕生したように、生成AIにおいても、今後も新しい職業や生成AIを業務に生かすプロジェクトが多く生まれていくことでしょう。時代の変化に柔軟に対応し、生成AIを活用することで、キャリアの可能性を大きく広げることができます。

ChatGPT活用人材のキャリア戦略（転職）

　生成AI関連の求人が増えている中で、そのチャンスをつかむためにはどのようなアプローチが有効でしょうか？

　1つ重要なポイントを挙げるならば、**希少性をアピールする**ことです。単にChatGPTを使って文章を要約したりアイデアを生み出したりするだけでは、他の多くの応募者に差を付けることは難しいでしょう。希少性を高めるための方法の1つは、他のスキルとの組み合わせです。例えば、**プログラミングとの組み合わせ**が有力な選択肢です。ChatGPTを駆使して作成したWebアプリ、業務効率化のプログラム、データ分析などの実績は、転職市場での自己PRで非常に強力な武器になります。

　他にも特定の業種経験と生成AIを掛け合わせたスキルも評価されます。営業職としてChatGPTを利用して顧客獲得に貢献したり、経理職として生成AIを用いて業務を効率化したりした経験は、アピールポイントになります。

単にChatGPTに精通するだけでなく、これからは「スキルの掛け算」を意識して生成AIと付き合っていくと、キャリアアップにつながるチャンスをつかむことができると考えています。

ChatGPT活用人材のキャリア戦略（社内キャリアアップ）

社内でChatGPTを活用できる人材としてチャンスを得るためには、社内の第一人者を目指すとよいでしょう。例えば、以下のようなアプローチが、第一人者になるためのアクションとして有効です。

① 社内での積極的な発信

ChatGPTを活用した業務の成功事例や成果を日報や週報を通じて社内に発信しましょう。それを見て関心を持った同僚と、ChatGPT活用の仲間として、連携して活動するのもよさそうです。

② 実務での積極的な応用

日常の業務において、ChatGPTを活用して解決できる課題を積極的に探し、それに挑戦しましょう。小さな問題から始めてもよいので、実際に生成AIを使った問題解決の事例を作ることで、社内から新しい依頼が舞い込んでくるかもしれません。

③ コミュニティへの参加と貢献

生成AIに関する社外のコミュニティに参加・貢献し、社内に有益な情報やネットワークを提供しましょう。社内の活動も重要ですが、外の世界で新しい知見を得ることで、もっと大きな成果を出すことができます。

これらの活動をしていると、自然に社内でその分野のリーダーとみなされるようになります。人から相談を受けるようになったり、新しいプロジェクトでリードする役割を任されたりする可能性もあります。生成AIはまだ新しい技術分野で、社内に詳しい人が少ないと思います。このような転換点で積極的に行動し、チャンスをつかみましょう。

「これからの生成AI × キャリア」

ここでは、生成AIをキャリアに取り入れる方法について、Cynthialy株式会社のCEOである國本知里さんとの対談※の一部を紹介します。

生成AIの今後について

堀内 國本さんは現在、Cynthialy株式会社の代表として生成AIスキルの普及や企業の人材育成などを行われていますが、今後、生成AIはどのように発展、もしくは社会に浸透していくと考えていますか？

國本 私は2024年を「ビジネス実装の年」といっています。2023年は「生成AI元年」として、遊びのようにChatGPTを使っていました。今後は各企業が業務の中に生成AIを取り込み、ビジネスを変えていく流れが起きていくと考えています。

そのうえで重要なのが、**生成AIを使った結果、どれだけ効果があったのか**という点です。例えばライティング業務では、10時間かけて執筆から編集まで行っていたのが、生成AIを使うと1時間で終わる、というような事例はすでにたくさん出てきています。この例

のように時間効果が明らかになりやすいのも生成AIの特徴の1つです。

そのようなビジネス上の効果が広まっていくと「使わない手はない」という流れになり、各企業の導入が進んでいくと考えています。

生成AI時代のビジネスパーソンに求められる能力

堀内 今後は「ビジネス実践」がポイントで、業務の中で活用することで、さらに数値などの目に見えるような効果が生まれていき、普及を加速させていくということですね。

そんな社会の流れの中で、生成AIを味方に付けるためにビジネスパーソンに求められる能力についてはいかがでしょうか？

國本 一番求められているのは**生成AIをマネジメントする能力**だと考えています。今、生成AIをよりうまく活用する「プロンプトエンジニアリング」が話題ですが、これは噛み砕くと、仕事の細かい指示を適切に行う能力と同様です。

例えば、ChatGPTに「このレポート

※著者が監修を務める、DXを無料で学べる学習サービス「BOXIL DX Learning」で提供されているコンテンツ「これからの生成AI × キャリア」の記事を一部掲載。

ゲストの國本知里さん（右）と著者（左）

をまとめてほしい」という指示では、何文字でまとめたらいいのかもわからないし、どういう文体でまとめたらいいのか、何をテーマに書いたらいいのかわからず、求めている回答が得られません。それを「5,000字程度で」や「ですます調で」や「このレポートを参考にして出してほしい」などと具体的に指示することで、求めている回答が得られます。

　このような生成AIへの指示は、**マネージャーが行う部下への指示と同じ**であるといえます。人を適切にマネジメントして成果を上げるように、マネジメント能力が生成AIを活用するうえでも必須になってきます。

堀内　「生成AIをマネジメントする能力」のお話を聞いていて感じたのは、生成AI時代は全員がマネージャーになることが求められていく、ということですね。他に求められる能力はどういうものが考えられますか？

國本　もう1つ重要な能力として業務を理解して適切な質問ができる、**業務理解力と質問力**も重要です。

　例えば、動画編集の基礎スキルがない人が動画編集者になりたいと思って生成AIを使っても、ビジネスとしては使えないクオリティになってしまうことがこれまでの生成AIの普及でわかってきました。動画編集の業務を理

解していて、AIが生成したコンテンツを手直ししたり、ブラッシュアップしていったりというプロセスを経ることで、ビジネスで使えるコンテンツを効率的に作成できます。この例のように対象の業務について理解していることが、生成AIのビジネス活用では求められます。

堀内　対象の業務への知識や経験があるから、生成AIを使ったときにクオリティが高いアウトプットが出せる、というように解釈しました。単に「生成AIを使える」よりも業務経験と掛け合わせることで、仕事で使えて強みになるような能力に昇華できるということですね。

國本　はい。そして**業務知識と生成AIの架け橋になるのが質問力**です。AIが生成するものを業務で活用できるクオリティに近づけるために、適切な問いを立てる能力が求められます。

堀内　マインドセットの面で、これから求められるものはどんなことでしょうか？

國本　「自分の仕事が生成AIに奪われるんじゃないか」「生成AIって怖い」という風潮がありますが、私は**「AIは自分の能力を拡張してくれるもの」**だと思っています。
　私は生成AIのスキルを身に付けて

からマーケティングやデザイン、エンジニアの仕事がうまくできるようになりました。いろいろなスキルでアウトプットができるようになっているのは生成AIのおかげです。AIをうまく活用していくということ、新しいスキルを身に付けるというマインドセットがすごく重要ですよね。

生成AIを
キャリアに生かす

堀内　生成AIの発展が個人のキャリアに与える影響はどのようなものが考えられますか？

國本　3分の2の仕事が生成AIの影響を受けるといわれています。そうなると従来の終身雇用はなくなり、求められるキャリアやスキルがどんどん変わっていくことを前提として考えないといけません。
　AIによってなくなる仕事がある、とよくいわれていますが、反対に**新しい仕事がどんどん出てきます**。例えば、先ほどお伝えした生成AIをマネジメントする能力を駆使した「AIマネージャー」などは新たな職業になっていくのではないかと考えています。

堀内　AIが発展することで、人材や職業の流動性がどんどん高まっていくということですね。

國本　はい。なので、敷かれたレールはないという前提でキャリアを築くには、例えば1年後や3年後にどうありたいのか、短期スパンでキャリアを考えて時代に適合させていくのが重要だと考えています。

堀内　ビジネスパーソンが生成AIを味方に付けるために、とるべきアクションにはどういったものがありますか？

國本　まずは今行っている**1日・1週間の業務のどこかで、生成AIを使って効率化・自動化すること**にぜひトライしてほしいなと思います。使ってみるとAIのスピードや、良いアイデアをくれる点で価値を感じることができるでしょう。

　また、メールの書き方やプログラミングのサンプルコードなど、普段インターネットで情報を得ているものは生成AIを使ってみてほしいです。生成AIはインターネットにあるいろいろな情報から学習しているので、インターネットにある情報を使ったアウトプットが得意です。**インターネットで情報を得て業務を行っているものをどんどん生成AIに任せていくと、活用範囲を広げることができます。**

　さらに、生成AIが生成したものをどのようなアウトプットで顧客に提供するかなど、**最終的な意思決定は自分自身で行う**必要があります。

AIが生成したものに対して意思決定をしていく力は今後求められるので、生成AIのアウトプットを鵜呑みにせずに意思決定を行う経験を積み重ねましょう。

堀内　皆さんもこのお話を踏まえて、生成AIを自身の活動に取り入れながらキャリアをよりよくしていっていただけたらと思っています。國本さん、どうもありがとうございました。

Profile

Cynthialy 株式会社
代表取締役 CEO
國本知里（くにもと・ちさと）

SAP、AIスタートアップなどで事業開発に従事後、AI特化のエージェント会社を創業。その後、生成AIの社会実装を加速するために、Cynthialyを立ち上げる。企業向けの生成AI人材育成「AI Performer」、AI Transformation (AIX) 事業を展開。女性AI推進リーダーコミュニティ「Women AI Initiative」を創設。生成AI活用普及協会 協議員など、生成AIの普及に取り組んでいる。

この度は本書をお読みいただき、心より感謝申し上げます。

「はじめに」で触れたように、プログラミングは多くのビジネスパーソンが苦戦する分野です。その一方でこのスキルを習得することで、DXの分野で大きく活躍するチャンスが得られます。

世の中を見渡すと、IT人材の不足が社会の成長にとって大きな課題であるといわれています。この課題を教育領域から解決し、より多くの人が活躍できるようにするため、私はこれまで教育事業やサービスを展開してきました。その過程で、プログラミング学習を成功させる方法を探求してきました。

長年取り組んできてわかったことがあります。それは、学習を成功させるには、自分自身としっかり向き合うことがとても重要だということです。どの教材で学ぶかや誰から学ぶかよりも、自分自身の問題にどう向き合い、それをどう解決していくかが、学習の成果を大きく左右します。例えば、「理解できない部分を完全に理解するまで学ぶ」や「モチベーションが下がる前に問題を解決する」など、自分に合った方法で学ぶことが、学習を成功させる鍵です。

本書のテーマであるChatGPTを含めた生成AIは、プログラミング学習を根本から変える可能性を秘めています。一般化された学び方ではなく、自分自身の問題と向き合い、解消することに焦点を当てた学び方を実現することができます。

本書のChatGPTを使った勉強法や実践プログラムによって、読者の皆さんが問題を解消するための新しい発見や、新たなモチベーションを得ることができれば幸いです。

ChatGPTをはじめとする生成AIは、これからも進化し続けます。生成AIを活用していくうえで最も重要な能力は、継続的に学び、スキルをアップデートする「学び続ける力」であるといえるでしょう。読者の皆さんは、「ChatGPTを活用してプログラミングを学ぶ」という新しいテーマへの挑戦を通じて、すでに「学び続ける力」を持っています。変化の激しい時代においても、皆さんが活躍し続けることを心から願っています。

▬ 謝辞

　本書が完成するまでには、多くの方々からの協力が欠かせませんでした。スマートキャンプ株式会社の阿部慎平さん、安田朋史さんからは、「BOXIL DX Learning」での連携をはじめ、人材育成に関する多くのディスカッションとアドバイスをいただきました。株式会社E9Technologiesの島野拓也さん、豊東柊哉さんからは、実践ガイドの構成やサンプルコードのアイデアについて伴走して支援いただきました。田宮直人さんは書籍出版の先輩として、本の内容にとどまらないアドバイスをしてくださいました。渋川よしきさん、千葉駿さん、伊藤太斉さんにはソフトウェアエンジニアとして、技術的な内容のブラッシュアップや、プログラミングを学ぶうえでの重要な観点からレビューを行っていただきました。

　また、古田英之さん、升田恒平さんからは友人として率直な意見と励ましをいただきました。

　皆さんからは、単に表現の修正や誤字脱字の指摘だけでなく、内容の追加や改善についても幅広いフィードバックを頂戴しました。

　また、翔泳社の長谷川和俊さんから5年ぶりにご連絡いただいたおかげで、本書を出す機会をいただくことができました。大久保遥さんとは校正においてスピーディーなやりとりをさせていただき、最後までブラッシュアップできました。

　この場を借りて、心から感謝の意を表します。

2024年5月　堀内 亮平

索引

著者プロフィール

堀内 亮平 (ほりうち りょうへい)
株式会社 Renewer 代表取締役

1985 年愛知県生まれ。中央大学卒業後、フューチャーアーキテクト株式会社でエンジニア・IT コンサルタントとして従事。プログラミング未経験の状態から IT スキルを身に付けた自身の経験を経て IT 教育の重要性を感じ、IT 人材育成の新規事業を立ち上げ、責任者として推進した。2018 年に IT 教育スタートアップのコードキャンプ株式会社に参画し、グループ最年少で代表取締役に着任。2013 年のサービス開始以来、50,000 名が受講し、300 社以上の企業の導入実績がある IT 教育業界のリーディングカンパニーとして業界を牽引した。2023 年に創業し現職。DX 教育・リスキリング事業の立ち上げやアドバイザリーサービスを提供している。

装丁・本文デザイン・DTP　原真一朗（ISSHIKI）
装丁イラスト　　　　　　　村山宇希

ChatGPTを徹底活用！
ビジネスパーソンのための
プログラミング勉強法

2024年6月12日　初版第1刷発行

著者　　　　堀内 亮平
発行人　　　佐々木 幹夫
発行所　　　株式会社 翔泳社 (https://www.shoeisha.co.jp)
印刷・製本　株式会社 ワコー

ISBN 978-4-7981-6190-7　　　　　　　　　　　　　Printed in Japan